中华传统食材丛书

总主编 魏兆军 陈寿宏

# 酒品卷

主　编 钱　斌 倪志婧
编　委 张梦云 杨　洋 刁海燕

国家出版基金项目
NATIONAL PUBLICATION FOUNDATION

合肥工业大学出版社

**图书在版编目（CIP）数据**

中华传统食材丛书.酒品卷/钱斌，倪志婧主编.—合肥：合肥工业大学出版社，2022.8

ISBN 978-7-5650-5128-9

Ⅰ.①中… Ⅱ.①钱… ②倪… Ⅲ.①烹饪—原料—介绍—中国
Ⅳ.①TS972.111

中国版本图书馆CIP数据核字（2022）第157749号

**中华传统食材丛书·酒品卷**

ZHONGHUA CHUANTONG SHICAI CONGSHU JIUPIN JUAN

钱 斌 倪志婧 主编

**项目负责人** 王 磊 陆向军
**责任编辑** 刘 露
**责任印制** 程玉平 张 芹
**出　　版** 合肥工业大学出版社
**地　　址** （230009）合肥市屯溪路193号
**网　　址** www.hfutpress.com.cn
**电　　话** 理工图书出版中心：0551-62903004
营销与储运管理中心：0551-62903198
**开　　本** 710毫米×1010毫米 1/16
**印　　张** 15.25 **字　数** 212千字
**版　　次** 2022年8月第1版
**印　　次** 2022年8月第1次印刷
**印　　刷** 安徽联众印刷有限公司
**发　　行** 全国新华书店
**书　　号** ISBN 978-7-5650-5128-9
**定　　价** 138.00元

# 总序

健康是促进人类全面发展的必然要求，《“健康中国2030”规划纲要》中提出，实现国民健康长寿，是国家富强、民族振兴的重要标志，也是全国各族人民的共同愿望。世界卫生组织（WHO）评估表明膳食营养因素对健康的作用大于医疗因素。“民以食为天”，当前，为了满足人民日益增长的美好生活的需求，对食品的美味、营养、健康、方便提出了更高的要求。

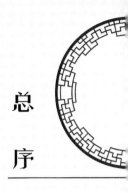

中国传统饮食文化博大精深。从上古时期的充饥果腹，到如今的五味调和；从简单的填塞入口，到复杂的品味尝鲜；从简陋的捧土为皿，到精美的餐具食器；从烟火街巷的夜市小吃，到钟鸣鼎食的珍馐奇馔；从“下火上水即为烹饪”，到“拌、腌、卤、炒、熘、烧、焖、蒸、烤、煎、炸、炖、煮、煲、烩”十五种技法以及“鲁、川、粤、徽、浙、闽、苏、湘”八大菜系的选材、配方和技艺，在浩渺的时空中穿梭、演变、再生，形成了绵长而丰富的中华传统饮食文化。中华传统食品既要传承又要创新，在传承的基础上创新，在创新的基础上发展，实现未来食品的多元化和可持续发展。

中华传统饮食文化体现了“大食物观”的核心——食材多元化，肉、蛋、禽、奶、鱼、菜、果、菌、茶等是食物；酒也是食物。中国人讲究“靠山吃山、靠海吃海”，这不仅是一种因地制宜的变通，更是顺应自然的中国式生存之道。中华大地幅员辽阔、地大物博，拥有世界上最多样的地理环境，高原、山林、湖泊、海岸，这种巨大的地理跨度形成了丰富的物种库，潜在食物资源位居世界前列。

“中华传统食材丛书”定位科普性，注重中华传统食材的科学性和文化性。丛书共分为30卷，分别为《药食同源卷》《主粮卷》《杂粮卷》《油脂卷》《蔬菜卷》《野菜卷（上册）》《野菜卷（下册）》《瓜茄卷》《豆荚芽菜卷》《籽实卷》《热带水果卷》《温寒带水果卷》《野果卷》《干坚果卷》《菌藻卷》《参草卷》《滋补卷》《花卉卷》《蛋乳卷》《海洋鱼卷》《淡水鱼卷》《虾蟹卷》《软体动物卷》《昆虫卷》《家禽卷》《家畜卷》《茶叶卷》《酒品卷》《调味品卷》《传统食品添加剂卷》。丛书共收录了食材类目944种，历代食材相关诗歌、谚语、民谣900多首，传说故事或延伸阅读900余则，相关图片近3000幅。丛书的编者团队汇聚了来自食品科学、营养学、中药学、动物学、植物学、农学、文学等多个学科的学者专家。每种食材从物种本源、营养及成分、食材功能、烹饪与加工、食用注意、传说故事或延伸阅读等诸多方面进行介绍。编者团队耗时多年，参阅大量经、史、医书、药典、农书、文学作品等，记录了大量尚未见经传、流散于民间的诗歌、谚语、歌谣、楹联、传说故事等。丛书在文献资料整理、文化创作等方面具有高度的创新性、思想性和学术性，并具有重要的社会价值、文化价值、科学价值和出版价值。

对中华传统食材的传承和创新是该丛书的重要特点。一方面，丛书对中国传统食材及文化进行了系统、全面、细致的收集、总结和宣传；另一方面，在传承的基础上，注重食材的营养、加工等方面的科学知识的宣传。相信“中华传统食材丛书”的出版发行，将对实现“健康中国”的战略目标具有重要的推动作用；为实现“大食物观”的多元化食材和扩展食物来源提供参考；同时，也必将进一步坚定中华民族的文化自信，推动社会主义文化的繁荣兴盛。

人间烟火气，最抚凡人心。开卷有益，让米面粮油、畜禽肉蛋、陆海水产、蔬菜瓜果、花卉菌藻携豆乳、茶酒醋调等中华传统食材一起来保障人民的健康！

中国工程院院士

2022年8月

# 序

在世界范围内，各国的文化都与酒有着密切的关系，中华文化尤其如是。

传说中，中国的人文始祖黄帝的手下有一位专管粮食生产的大臣叫杜康，工作非常认真负责。有一年，风调雨顺，粮食大丰收，黄帝命令杜康好好保管这批粮食。杜康就和手下到处寻找新的粮食存放地点。

这一天，他偶然在树林中发现了一株已经枯死的大树。杜康灵机一动，心想，是不是可以把粮食放在树洞里呢？于是，他就带领手下把那些枯死的树木一一掏空，在树洞里放进粮食，然后用树叶、黄泥封好。

过了一段时间，杜康去林中查看。他看到有一个黄泥封口被扒开了，雨水灌满了整个树洞。他赶忙找来一块尖尖的石头，把树洞凿开，想查看粮食是否腐坏。谁知，一阵阵香味从树洞里飘散出来。杜康非常好奇，于是舀了一小勺粮食水，一尝之下，非常香甜。他左一勺右一勺，越尝越香，越尝越好喝，很快就头晕目眩，倒在地上睡着了。

等他醒了以后，觉得精神饱满。杜康知道，这粮食水是好东西，就装了一大葫芦带回去，呈送给黄帝。黄帝和大臣们品尝后都非常高兴，认为这是粮食的精华所化，对人大有益处。

大臣仓颉是一位非常有名的人物，他喜欢观察事物的特性，并根据这些特性创造出各种各样的文字。仓颉品尝了粮食水后，便对黄帝说："请让我为粮食水起个名字吧。"黄帝答应了。仓颉说："此水香而淳厚、饮而得神，应起名为'酒'。"——酒就这样被发现并流传了下来。而"杜康"一词也成了酒的代称。

酒是一种特殊的食品，是属于物质的。但酒又不是一种简单的食品，它融进了人们的精神世界，渗透到社会生活的各个领域，对中华文明的发展产生了极其深远的影响。

酒首先是和神明联系在了一起。人们告祭天地、缅怀祖先，都离不开酒。饮酒也是一种礼仪。军队出征、宾客往来、弱冠及笄、婚庆场合，都要庄重饮酒。至于聚会之时，则人头攒动，觥筹交错，吆五喝六，热闹非凡。

中国人饮酒绝不止于口腹之欲。酒是一个变化多端的精灵，它炽热如火，冷酷似冰；它缠绵如梦，狠毒似魔；它柔软如锦，锋利似刀；它无所不在，使人力大无穷；它可敬可泣，却也让人痛心疾首；它能使人忘却苦痛烦恼，超脱旷达，才华横溢；它也能让人肆行无忌，原形毕露，口吐真言。饮酒，让人的精神得到了完全的释放，人们抛开束缚，尽情宣泄情感。于是酒酣耳热之际，便有了李白的诗篇，有了苏轼的酒赋，有了如“清风出袖，明月入怀”般的《兰亭集序》，有了“挥毫落纸如云烟”的“张旭三杯草圣传”，有了“我醉欲眠卿且去”的率真，有了“壮志饥餐胡虏肉”的豪迈……

酒为百药之长。适当饮酒，可通络祛风，舒筋活血，驱寒暖身，消积健脾，安神镇静，具有一定的保健功效。而融药入酒，防病治病，则是中国人的创举。药酒，是历史悠久的传统剂型之一，在我国医药史上居于重要地位，在国内外医疗保健行业享有较高的声誉，成为我国医药学宝库中的一朵奇葩。

中华的历史和文化，从庙堂之高到江湖之远，从朱门大户到蓬门荜户，从耄耋之乐到弄璋之喜，从节日欢庆到平常生活，从凡桃俗李到大雅之堂，无处没有酒的存在，也无处不受酒的影响。

时至今日，酒依然是“天之美禄”。禄者，福也，是享受不尽的福分。但纵使有“天大的福分”，如果不辨其源、不分其类、不择其香、不别其味、不究其用、不探其趣，不讲酒德，来者不拒，只顾牛饮，就喝不出酒的“真”、酒的“善”和酒的“美”，这似乎就是一种悲哀了。

饮酒必先知酒。要让当代的酒参与塑造新的属于时代的酒文化，这是一种文化情怀，也是一种社会责任，更是一种使命担当。几位后生小子，不揣浅薄，勉力一试。唯望能通过我们的努力，为丰富人们的美好生活尽一份绵薄之责。

江南大学范文来教授审阅了本书，并提出宝贵的修改意见，在此，深表感谢。

是为序。

钱　斌

2022年7月

# 目录

# 酒

滚滚长江东逝水，浪花淘尽英雄。

是非成败转头空。

青山依旧在，几度夕阳红。

白发渔樵江渚上，惯看秋月春风。

一壶浊酒喜相逢。

古今多少事，都付笑谈中。

——《临江仙·滚滚长江东逝水》（明）杨慎

## 一、基本特性

**名称**

酒，又名杜康、杯中物、壶觞等。

**分类**

酒品种甚多，按商品大类分主要有白酒、黄酒、葡萄酒、啤酒、果酒、药酒以及威士忌、白兰地、伏特加、金酒、朗姆酒、清酒、鸡尾酒等。

**来源及产地**

酒是一种利用粮食、水果等食物中富含的淀粉或者多糖等营养物质进行发酵制成的富含乙醇的可溶性饮料。

我国酒文化历史十分久远，可追溯到远古时代。据目前的考古发掘资料显示，在仰韶文化的遗址中，出土了许多造型、形状和商代甲骨文、金文中的“酒”字十分相似的大型陶罐。这充分说明早在距今6000多年前，中国的酒已经出现。

中国是个饮酒大国，酒的产量为世界第一。我国酒的产区可分为六大板块，分别为川黔板块、苏皖板块、鲁豫板块、两湖板块、东北板块以及华北板块。每个板块都有其特色名酒，其中有的畅销全国，有的享誉省内。

## 二、风味成分

酒的主要成分为水和乙醇，除此之外，还有各种有机物，包括高级醇、甲醇、多元醇、醛类、羧酸、酯类、酸类等。每毫升纯酒精（乙醇）大约含有热量71千卡，相当于等体积脂肪的热量，且明显高于糖类、蛋白质的热量。白酒、黄酒、果酒、啤酒等成分各异，将在后面分述。

## 三、食材功能

（1）中医认为，酒可清热消冷、散寒气、燥湿化痰、通血脉经络、开邪气郁结、行经脉药势、止气血水泄，对心腹冷痛、筋脉挛急、阴毒、风寒、头目痹痛、胸痹等症有益，有利小便、坚大便、消肿痛的功效。

（2）现代医学药理研究结果表明，适量饮酒有如下功效：预防男性肾功能衰退；有助于消除疲劳，促进良好睡眠；可预防感冒（流行性）；可降低突发心血管疾病的可能性；可降低女性患糖尿病的危险；可预防患阿尔茨海默病；有助保持体形；可预防胆石症；等等。

## 四、食用注意

（1）饮酒过量会抑制食欲，还会导致体内多种营养素缺乏。

（2）酒精在人体内通过肝脏细胞才能被分解并吸收，但是肝脏细胞分解酒精的能力和程度是有一定限度的，而且酒精在肝上皮细胞内的乙醇脱氢酶的作用下转化分解为对人体有害的物质乙醛，这样就严重干扰了肝脏的正常新陈代谢。若长期饮酒或者超量饮酒，则可能会直接导致出现酒精性的脂肪肝、肝炎、肝硬化。

（3）饮酒过量会导致男性阳痿。

（4）饮酒过量会伤害人体大脑组织。

（5）饮酒过量会增加肺炎的发病率。

（6）饮酒过量可能会导致心脏病和中风。

（7）饮酒过量会使血液循环功能减弱。

（8）饮酒过量会导致骨质疏松。

（9）妇女饮酒过量易使容颜受损，孕期和哺乳期忌饮酒。

## 延伸阅读

### 美哉柳林酒

传说唐高宗仪凤年间，一位出使长安的波斯王子回国。吏部侍郎裴行俭将他送至今凤翔县的十里长亭。时值暮春，裴侍郎忽见四周蜂蝶纷纷伏地，感到很奇怪。原来是离城十五里的柳林镇上的一家酒店，刚出窖了一坛百年老酒，酒香远溢，蜂蝶闻之俱醉。后来，酒家赠送了美酒给裴侍郎，于是他吟了一首诗来赞扬它：“送客亭子头，蜂醉蝶不舞。三阳开国泰，美哉柳林酒。”

# 白酒类

金樽清酒斗十千，玉盘珍羞直万钱。
停杯投箸不能食，拔剑四顾心茫然。

——《行路难（其一）》
（节选）（唐）李白

## 一、基本特性

### 名称

白酒，又名烧酒、老白干、烧刀子等，为我国特产。

### 分类

白酒种类众多，按照香型分类可分为12种，分别为浓香型白酒、酱香型白酒、米香型白酒、清香型白酒、兼香型白酒、凤香型白酒、豉香型白酒、药香型白酒、特香型白酒、芝麻香型白酒、老白干香型白酒和馥郁香型白酒。

### 来源及产地

白酒主要以高粱、玉米、大米、小麦等谷物为原料，也可以薯类、豆类、废糖蜜、甘蔗及甜菜渣等各种淀粉和糖分含量较高的农

白　酒

副产品为原料。原料中淀粉经含有糖化酶和酒化酶的酒曲糖化，并发酵成酒精和二氧化碳后进行固态蒸馏，再经贮存和勾兑制成白酒。

中国白酒产区分布的特点是名酒多集中在中部地区，产量分布也是中部地区高，北方稍微低一点，而偏南地区产量为最低。这与当地的环境气候、所产粮食以及当地人的需求息息相关。

## 二、风味成分

白酒酒精含量一般在30%以上，成品白酒香气纯净浓郁，口感醇厚甘洌，回味悠长，细饮慢品，滋味变化无穷。白酒的成分主要为酒精和水，两者总含量达98%以上，其他成分约占2%，其中主要包括杂醇油、多元醇、甲醇、醛类、酸类、酯类、酮类、含硫化合物、含氮化合物等，这些成分含量虽少，但对白酒的香和味起了决定性作用，影响着白酒的整体香气、口感和风格。

（1）乙醇是白酒中除水之外含量最高的成分，味呈微甜，白酒中乙醇含量愈高，酒性也愈烈，对人体的毒害作用相对来说也越大。

（2）酯类成分主要包括乙酸乙酯、丁酸乙酯、己酸乙酯、乳酸乙酯、丁酸戊酯等，这类成分主要和酒的香气相关。

（3）酸类包括挥发性酸如甲酸、乙酸、丙酸、丁酸、己酸、辛酸等；不挥发性酸如乳酸、苹果酸、葡萄糖酸、琥珀酸等，其中乳酸较柔和，可以让白酒具有良好的风味。

（4）醛类包括甲醛、乙醛、糠醛、丁醛等，乙醛含量过高则有强烈的刺激味与辛辣味，容易引起头晕。

（5）多元醇包括甘油、2，3-丁二醇、环己六醇、甘露醇等，甘油、丁四醇、戊五醇（阿拉伯糖醇）、甘露醇等都有甜味，这些甜味可形成白酒的风味。

## 三、食材功能

白酒性温，味甘、苦、辛，具有散寒气、助药力、活血通脉、增进食欲、消除疲劳、御寒提神之功效。适量饮酒能够降低患心血管疾病的风险。少量饮用低度白酒能够扩张细小血管，促进人体的血液循环，促进人体新陈代谢，预防心脑血管疾病的发生，同时血管内血液循环、产生热量加快，还能有一定的驱寒功效。

## 四、发展历史

白 酒

（1）自然界形成的酒

自然界中的含糖野果在成熟之后掉落下来，积集于坑洼之处，天长日久，这些野果被附在它们表皮的空气、雨水、土壤中的野生酵母发酵，变成了香气扑鼻、酸甜爽口的原始果酒。随着社会的发展，人类开始了原始的牧业生产。在存放剩余的兽乳过程中，他们又发现了被自然界中的微生物发酵而成的乳酒。而在农耕时代，人类认识到野生植物的含淀粉种子（谷物等）可以充饥，便搜集贮藏，以备食用。由于当时的贮藏方法原始，谷物在贮藏期间容易受潮或被雨淋而导致发芽长霉，这些发芽长霉的谷物若继续浸泡在水里，其中的淀粉便会受野生霉菌、野生酵母菌等微生物的作用而糖化、发酵，变成原始的粮食酿造酒。

（2）劳动人民造酒

农业生产开始以后，谷物有了富余；加上人类发现了原始的酒，尝起来又香又甜，喝过后浑身发热、精神兴奋，劳动人民便开始模仿起来，有意识地让谷物发芽长霉，用它来酿酒，从而进入了利用天然微生物造酒的阶段。

到了商代，出现了专门的酿酒作坊。如在郑州二里岗及河北藁城台西村发现的商代酿造作坊的遗址，酿酒技术有了发展。到周朝，统治阶级不但设置了专门掌管酿酒的官职，如“酒正”“酒人”“浆人”“大酋”等，对酿酒的要点也作了经验总结。秦汉以后制酒技术有了很大进步，酒的品种迅速增加，仅《方言》中记载的就有近10种，酿酒技术也随之提高，风味各异的酿造酒在各地纷纷出现。贾思勰在《齐民要术》中系统、详细地总结和记述了当时的各种制曲方法和酿酒工艺，后人也有不少关于制曲酿酒的记述……

总之，在这一阶段，我国古代的劳动人民已通过对自然现象的模仿、实践，不断总结改进，掌握了酿酒的基本规律，已经能够比较有效地利用天然微生物来酿酒了。

（3）白酒的出现

秦汉以后，酿酒技术的发展、饮酒的普及，为白酒的出现打下了基础。此外，历代帝王为了寻求不死之药，不断发展炼丹技术。不死药虽然没有炼出来，却积累了不少物质分离、提炼的方法，发明创造了种种设备（包括蒸馏器具），为白酒的出现提供了条件。

关于白酒的出现年代，也有不同的见解。有些人根据李时珍《本草纲目》中“烧酒，非古法也，自元时始创……”的说法，认为白酒始于元代。但随着对历史研究的深入，现在认为白酒出现在唐代的人越来越多了。

从白酒的由来可以看出，我国也是世界上利用微生物制曲酿酒最早的国家，要比法国人卡尔迈特用根霉曲制酒精、德国人柯赫发明固态培养微生物法早3000年左右；我国也是世界上最早利用蒸馏技术创造蒸馏酒的国家，我国的蒸馏酒要比西方威士忌、白兰地等蒸馏酒的出现早六七百年。我们的祖先对酿酒的生产技术和科学文化的创造、发展作出了杰出的贡献。

## 五、食用注意

（1）白酒不宜在空腹、睡前、感冒或情绪激动时饮用，以免引起心血管受损；也不宜大量饮用，过量饮酒可引起急性、慢性酒精中毒，从而可能导致慢性胃炎、营养不良、神经炎、肝硬化、胰腺炎、心脏病、动脉硬化等疾病的发生。

（2）不同类型的酒品（如白酒、啤酒、葡萄酒、果酒等）不宜混杂饮用。

（3）不宜喝冷酒。酒中除了含有酒精外，还掺杂着一些甲醇、甲醛等少量有害物质，而这些含有害物质的酒精溶液和水溶液混合后的沸点低于6℃。如果将酒加热，酒中的这些有害物质基本上就能挥发掉，所以要喝温酒。

## 传说故事

### “千日酒”的传说

《博物志》记载了这样一个故事，我国古时候有一种酒叫作“千日酒”，人喝了以后要醉一千日才能醒过来。

这天有一个人，名叫玄石，他到一个叫作“中山酒家”的地方去买酒喝，酒家打了“千日酒”给他，但忘了告诉玄石这种酒的特性。玄石喝完了酒刚回到家里便醉倒在地，整整睡了好几天都没醒过来，他的家人不知道原因，以为他死了，便把他放进棺材里埋葬了。

过了整整一千日以后，“中山酒家”的老板认为玄石喝酒已到千日，应当醒了，便到他家探望，一问，他家里人说，玄石已死了三年了。酒家老板忙把玄石喝“千日酒”的事述说了一遍，家人急忙跑去打开棺盖，这时已睡醒的玄石就从里面爬了出来。

# 酱香型白酒

一座茅台旧有村，糟邱无数结为邻。
使君休怨曲生醉，利锁名缰更醉人！
于今酒好在茅台，滇黔川湘客到来。
贩去千里市上卖，谁不称奇亦罕哉！

——《竹枝词茅台村》
（清）张国华

## 一、基本特性

### 名称

酱香型白酒，也称茅香型白酒，属于大曲酒类。

### 代表酒

茅台酒、郎酒、武陵酒、习酒、潭酒、珍酒等。

### 来源及产地

酱香型白酒由纯粮酿造，是天然发酵产品。酱香型白酒由于生产工艺特殊，对地理环境要求较高，所以我国的酱香型白酒产区较少，以茅台镇为主要产区，市场上许多酱香型白酒多出自此地。从产地上看，中国酱香型白酒已经形成了消费者认可的几大产区：茅台镇产区、赤水河产区、四川产区及其他产区。





酱香型白酒及其产区

## 二、风味成分

酱香型白酒酱香突出，幽雅细致，酒体醇厚，回味悠长，清澈透明，色泽微黄；其香味细腻、复杂柔顺，以酱香为主，略有焦香，香味细腻柔顺含泸香但不突出，酱香突出，口感悠长，杯中香气经久不变，空杯留香经久不散（茅台酒有“扣杯隔日香”的说法）。

至今人们还未找到酱香型白酒的主体香味物质，所以即使有人想通过添加合成剂做假也无从下手，这就排除了人工添加任何香气添加剂的可能。

## 三、酿造工艺

酱香型白酒的酿造工艺比较独特，季节性生产是酱香型白酒区别于其他白酒的地方。概括来说，其特点为“三高”“三长”。“三高”是指生

茅台产地贵州省怀仁市美酒河风景区

产工艺的高温制曲、高温堆积发酵、高温馏酒；“三长”主要是指基酒的生产周期长、大曲的制曲储存时间长、贮存老熟时间长。目前，酱香型白酒生产企业采用的工艺主要有三种：

（1）传统的大曲酱香工艺

以优质高粱为原料（不破碎或20%破碎），用高温大曲作为糖化发酵剂，两次投料，采用条石筑的发酵窖，经九次蒸煮、八次发酵、七次取酒，采用高温制曲、高温堆积发酵、高温馏酒的特殊工艺，生产周期为一年，按酱香、醇甜及窖底香三种典型香体和不同轮次酒分别长期储存，精心勾调而成具有典型酱香型风格的蒸馏白酒。该工艺制作的白酒酱香突出、幽雅细腻、醇厚协调、回味悠长、空杯留香持久，原料出酒率达到25%～28%。

（2）麸曲（碎沙）酱香工艺

以粉碎的高粱为原料，用小麦制高温大曲，将麸曲、糖化酶（或干酵母）等按一定比例作为糖化发酵剂，采用条石筑的发酵窖发酵或地面直接堆积发酵，经发酵、蒸馏、勾调而成为具有酱香型风味的蒸馏白酒。该工艺发酵时间短、贮存期短、出酒率比传统的大曲酱香工艺高40%～50%，已广泛被许多中小型酱香白酒生产企业采用，但与传统的大曲酱香型白酒相比，酒质尚有一定差距。

（3）混合勾调工艺

以传统的大曲酱香工艺和麸曲（碎沙）酱香工艺生产出的原料酒为基酒，按不同比例勾调而成。该工艺被许多酱香白酒生产企业所采用。

## 传说故事

### 神仙助茅台镇穷人酿酒

相传，茅台镇开始酿酒时，酒质并不特别好，酒业也不兴旺。制酒人都不断赔本，生活难以维持。有一年除夕，茅台镇一带大雪漫天，冷得出奇。这时从冰雪中走出一位衣衫褴褛的老人，来到镇上一个富人家开的酒坊讨酒御寒。富人不但不给，还动手打他。

可是镇上的穷人家对他都很亲切，留他喝酒过年。老人喝了酒，神采奕奕，连声称赞：“好酒！好酒！新年大吉，我祝你们美酒藏春、酒业兴隆！”说完，把杯中没有喝完的酒泼到赤水河里，用拐杖横河一划，然后飘然而去。

往后，凡是这位老人所到之家，缸里的酒越来越香，新酿出来的酒量多、质好，酒业不断兴旺，而富人家的酒却越来越差。人们都说这个老人是神仙，他是专门来茅台镇帮穷人酿酒的。美好的神话，更增添了名酒的传奇色彩。

# 浓香型白酒

涪州朱橘夔州柚，乍解筠笼香一船。
口腹累人惭过客，山川迎我笑前缘。
文章颇拟争千古，饮食何须费万钱。
暂簇冰盘开窖酒，衔杯清绝故乡天。

——《峡中谢人送橘柚》
（清）张问陶

## 一、基本特性





**名称**

浓香型白酒，又叫泸香型白酒，以浓香甘爽为特点。

**代表酒**

五粮液、泸州老窖、洋河大曲、双沟大曲、古井贡酒、剑南春、全兴大曲、宋河粮液、沱牌曲酒等。

**来源及产地**

浓香型白酒发酵原料是多种原料，以高粱为主，也有少数酒厂使用多种谷物原料混合酿酒的，但是以籽粒饱满、成熟、干净、淀粉含量高的糯高粱为好。

浓香型白酒主要分布在我国四川省和江苏省，其中四川省在我国浓

五粮液产地四川宜宾

香型白酒领域中的产销量占据了大半壁江山。

## 二、风味成分

浓香型白酒具有芳香浓郁、绵柔甘洌、香味协调、入口甜、落口绵、尾净余长等特点，其主体香源成分是己酸乙酯和丁酸乙酯。浓香型白酒的己酸乙酯含量比清香型白酒高几十倍，比酱香型白酒高十倍左右。另外，浓香型白酒中含有的丙三醇和有机酸，使酒口味协调，绵甜甘洌。所含有机酸，起协调口味的作用。浓香型白酒中有机酸以乙酸为主，其次是乳酸和己酸，特别是己酸的含量比其他香型酒要高出几倍。浓香型白酒中还含有醛类和高级醇，醛类中乙缩醛较高，乙缩醛是构成浓香的主要成分。

## 三、酿造工艺

浓香型白酒酿造工艺相对复杂，纯粮固态发酵是其核心，按地域可分为川、江淮、北方三大派系，工艺大体有制曲、拌料、摊晒、入窖、发酵、起窖、蒸馏、摘酒等八个环节，然后进行陶坛贮存。

（1）原料高粱要先进行粉碎，目的是使颗粒淀粉暴露出来，增加原料表面积，有利于淀粉颗粒的吸水膨胀和蒸煮糊化、糖化时增加与酶的接触面积，为糖化发酵创造良好的条件。

（2）采用高温曲或中温曲作为糖化发酵剂，要求曲块质硬、内部干燥并富有浓郁的曲香味，不带任何霉臭味和酸臭味。为了增加大曲与粮粉的接触，大曲可加强粉碎，先用锤式粉碎机粗碎，再用钢磨磨成曲粉，粒度如芝麻大小为宜。

（3）配料在浓香型白酒生产中也是一个重要的操作环节。配料时主要控制粮醅比和粮糠比，蒸料后要控制粮曲比。酿制浓香型白酒，除了以高粱为主要原料外，也可添加其他的粮谷原料同时发酵。多种原料混合使用，产生多种副产物，使酒的香味、口味更为协调丰满。

（4）浓香型白酒蒸馏采用混蒸混烧，原料的蒸煮和酒的蒸馏在甑内同时进行。一般先蒸面糟，后蒸粮糟。

（5）根据发酵基本原理，糊化后的淀粉物质，必须在充分吸水以后才能被酶催化，转化生成可发酵性糖，再由糖转化生成酒精。因此粮糟蒸馏后，需立即加入85℃以上的热水，这一操作称为“打量水”，也叫热水泼浆或热浆泼量。量水温度要高，才能使蒸粮过程中未吸足水分的淀粉颗粒进一步吸浆，以达到54%左右的入窖水分。

（6）打完量水的糟子需要撒在晾堂上，散匀铺平，厚约3厘米，进行人工翻拌，吹风冷却，整个操作要求迅速、细致，尽量避免杂菌污染，防止淀粉老化。

（7）粮槽入窖前需加入原料量18%～20%的大曲粉，翻拌均匀，入窖发酵。

（8）粮槽入窖踩紧后，尽量采用泥封形成厌氧发酵条件，表面覆盖4～6厘米的封窖泥。将泥抹平、抹光，以后每天清窖一次，因发酵酒醅下沉而使封窖泥出现裂缝，应及时抹严，直到定型不裂为止；再在泥上盖一层塑料薄膜，膜上覆盖泥沙，以便隔热保温，并防止窖泥干裂。

古井贡酒酿造遗址

（图片素材由古井集团许善义同志提供）

## 延伸阅读

### 朱德定下“酒城泸州”的美名

护国战争期间，朱德由云南入川讨袁，驻军泸州，并因屡立战功，被晋升为护国军第十三旅旅长兼泸州城防司令。护国战争胜利后，朱德前后在泸州任职五年。

当时，温筱泉、艾承麻、罗小吟等文人约集宴请朱德，并在酒宴上提出组织泸州“东华诗社”，诗社的活动地点选在朱家山“怡园”，请朱德参加。朱德慨然应允，并受众人推举为“怡园”撰写了一副楹联和“东华诗社”成立的同仁宣言。现在在诗社留下的《沛云堂立雪杂录》《芷湖余碧录》等诗集中还录有朱德的诗。在诗社的文人雅士中，温筱泉开办了一家泸州老窖酒厂。诗友们每会必饮，每饮必为泸州老窖酒。

朱德因而对泸州老窖酒情有独钟。有一年除夕，朱德赋诗道：“护国军兴事变迁，烽烟交警振阗阗。酒城幸保身无恙，检点机韬又一年。”这首诗立即在文人中传诵，越传越广，几乎家喻户晓，进而传出了泸州。从此，“酒城泸州”的美名就传开了。

# 清香型白酒

逢人便说杏花村，汾酒名牌天下闻。
草长莺飞春已暮，我来仍是雨纷纷。

——《访杏花村》
（现代）谢觉哉

## 一、基本特性

### 名称

清香型白酒，属大曲酒类，在白酒中占有重要地位，产量较大。

### 代表酒

汾酒、宝丰酒、台湾金门高粱酒等。

### 来源及产地

清香型白酒以高粱为原料，以大麦和豌豆制成的中温大曲为糖化发酵剂（有的用麸曲和酵母），采用清蒸清烧酿造工艺，固态地缸发酵。

清香型白酒的主产区位于太行山之西。当地属于典型的大陆性季风气候，加之得天独厚的自然地理条件如水质、土壤条件等，对于酒料的发酵、熟化非常有利，也对酒中香气成分的产生起了决定性的作用。





汾酒产地山西杏花村

## 二、风味成分

清香型白酒清香纯正，醇甜柔和，自然协调，余味爽净；香味“一清到底”，不具有浓香、酱香及其他异香或邪杂气味。清香纯正是指主体香乙酸乙酯与乳酸乙酯搭配协调；琥珀酸的含量也很高，无杂味，亦可称“酯香匀称，干净利落”。

## 三、酿造工艺

清香型白酒以汾酒为代表，其酿造主要分为四个阶段：制曲、发酵与蒸馏、贮存和勾兑成装，其工艺技术主要体现在前两个阶段中。

（1）制曲阶段

制曲是将大麦和豌豆按比例混合粉碎，加水搅拌均匀；而后又以人工踩曲，制成曲块，在曲房中由人工将曲块分三层（分别呈“一”字

清香型白酒的酿造

形、“品”字形、“人”字形）排列，便于周围空气中的微生物群自由进入。这样生产出的曲，内含多种复合霉和菌类，其糖化酶能力、液化酶能力和发酵力是一般曲的五倍。曲以固态参与酿酒，不影响原料的自然风味，并确保汾酒独特的“清香型”口感特征。曲坯排列后要经晾，然后再通过潮火、大火和后火加热，这就是有名的“两凉、两热”工艺。在这个过程形成了三种曲型：清糙曲、后火曲和红心曲，它们有的要大热、大凉，有的要中热、中凉，有的要多热、少凉；热时微生物进入，凉时排出潮湿。

（2）发酵与蒸馏阶段

汾酒的酿造发酵工艺的独特性，主要表现在将曲与原料采用固态的形式进行拌和，采取“地缸分离”的方式发酵。首先，曲与高粱原料采用固态进行搅拌后再加入甑蒸馏，其曲的发酵力主要是通过曲内的自然微生物的复合以及霉菌体的作用进行催化，散发的气味自然清香，是一种具有发酵清香型的酒香。其次，土壤中的一些有害化学杂质的气味会直接影响到汾酒原质发酵清香，而地缸型发酵方式采取曲与酒土分离的工艺则更卫生、更环保。

（3）贮存阶段

汾酒采用传统容器陶制缸贮存是汾酒工艺的特点之一，能够有利于酒中甲醇等杂质挥发确保汾酒清纯的口感。

（4）勾兑成装阶段

原酒经贮存后，加入不同的配料，严格按标准加浆，可配制成竹叶青酒、白玉汾酒、玫瑰汾酒三大配制酒。勾兑后的酒要经过滤，然后按类别计量盛装入库，最后进行成品包装。这一工序以机械操作为主，人工主要是负责严格的技术质量检验。

## 延伸阅读

### “杏花村”之争

“清明时节雨纷纷，路上行人欲断魂。借问酒家何处有？牧童遥指杏花村。”这首诗已经吟诵了上千年。可就在近些年来，全国一下子冒出了二十多个地方，都宣称自己是诗句中“牧童遥指”的“杏花村”。

山西汾阳，因位于汾河之北而得名。这里是中国最大的清香型白酒生产基地、著名的酒都。闻名天下的汾酒竹叶青就产自这里。有“中华名酒第一村”美誉的杏花村，就坐落在汾阳。隋唐时期，由于这里广种杏树，杏花村因此得名。宋代张维臣的《酒名记》中“汾州甘露堂最有名”，便可知汾阳当年便是著名的产酒地。1915年，在美国旧金山举办的巴拿马万国博览会上，山西汾酒一举夺得最高奖项甲等大奖后，更是名声大噪。

1960年，革命老人谢觉哉参观汾阳杏花村后，留下诗句：“逢人便说杏花村，汾酒名牌天下闻。草长莺飞春已暮，我来仍是雨纷纷。”郭沫若1965年参观时，更是留下了“杏花村里酒如泉”的赞美。这便把汾阳杏花村与那首著名的“清明时节雨纷纷”结合在一起了。

近年来，全国各地冒出了南京秦淮区杏花村、甘肃东乡杏花村、湖北麻城杏花村、安徽池州杏花村、江苏徐州杏花村、江苏丰县杏花村等等不下二十处“杏花村”，开启了“杏花村”归属地之争。

针对山西汾阳杏花村，上述几家几乎口径一致，指出“杏花村非汾阳”，理由如下：其一，《清明》的作者杜牧压根就没有去过汾阳；其二，山西地处黄土高原，清明时节哪来雨纷纷；其三，文献记载山西汾阳根本没有杏花成林。

2001年，一位欧洲华商在池州申请注册“杏花村”旅游服务类商标，而此前已拥有“杏花村”酒品类商标的山西汾酒公司随即向国家商标局提出异议。国家商标局对此极为慎重，经过审核和复审两个阶段，一直到2009年11月23日，才审理终结。“杏花村”从此一分为二，酒是山西的酒，村是安徽的村。历时多年的“杏花村”商标之争尘埃落定。之后，池州杏花村向外界宣称：山西杏花村的酒是中国酒业发祥地，但池州杏花村为杜牧诗《清明》的诞生地。

# 米香型白酒

风高霜挟月，酒暖夜生春。
一曲清歌罢，华胥有醉人。

——《夜饮》
（宋）姜特立

## 一、基本特性

### 名称

米香型白酒，也称蜜香型白酒，属小曲香型白酒。

### 代表酒

桂林三花酒等。

### 来源及产地

米香型白酒历史悠久，是一类小曲米液手工酿造的传统酒种，以桂林三花酒和湘山酒为代表。桂林三花酒源于桂林白酒，清末民间开始出现专业酿酒作坊，至民国年间，作坊遍及桂林。主要表现在以下四个方面：一是酒液中有聚积物，不能像其他香型白酒那样清澈透明；二是米香型白酒自然发酵度数历来没有超过20度，度数较低；三是米香型白酒因必须用手工方法酿造，加之酿酒用具陶瓷工艺要求工艺较高，不能大规模流水作业，产量较低；四是米香型白酒因原料和工艺原因，多为甜




米香型白酒

口，且绵甜醇厚，后劲大，很多不了解的人，第一次接触时适应不了，难以推广。



## 二、风味成分

传统米香型白酒无色透明，蜜香清雅，入口绵甜，落落爽净，回味怡畅。而新型米香型白酒为琥珀酒色，晶莹剔透，丽质清雅，米香纯正，闻之浓而不骤、香而不艳，入口绵甜、醇厚，馥郁柔和，头甘尾净，圆润爽怡，蜜香清雅，回味怡畅。饮前不辛、不辣、不冲；饮中上口性好，口感、口味绝佳；饮后不干喉、不伤胃。

米香型白酒的香味组成成分有以下特点：香味组分总含量少；醇类化合物总量高于酯类物质；除一般酒中含有的异戊醇、正丙醇、异丁醇外，还有较高浓度的β-苯乙醇；乳酸乙酯含量高于乙酸乙酯；乳酸含量高于乙酯。米香型白酒的香气在构成上突出的是以乙酸乙酯和β-苯乙醇为主体，其典型风格是在“米酿香”及小曲香基础上，呈现出以乳酸乙酯、乙酸乙酯与β-苯乙醇为主体组成的幽雅清柔的香气。

## 三、酿造工艺

米香型白酒以优质大米为原料，以自制小曲为糖化发酵剂，用半固体半液体发酵的传统工艺酿造，经长期陈酿和精心勾兑而成。

（1）原料大米用50～60℃温水浸泡约1小时，淋干后入甑蒸煮，待原料变色后泼第一次水；再蒸至米熟，泼入第二次水继续蒸，此时含水62%～63%。

（2）将蒸熟的饭团搅散，鼓风冷却，加入原料量0.75%的小曲粉，拌匀入缸堆积，在饭缸中间留一空洞供应空气。饭层厚度为12～15厘米，放置20～22小时，随着根霉菌的繁殖同时进行糖化，品温不断上升达37℃较为适宜。

（3）之后即可加入原料量1.2～1.4倍的水，其温度在34～37℃，搅匀，品温保持在36℃左右。此时糖分含量为9%～10%，总酸低于0.7，酒精含量为2%～3%。

（4）分装2个酯缸发酵，以气温不同而进行保温或冷却。发酵5～6天，发酵液酒精含量为11%～12%（体积分数），总酸不超过1.5，残糖几乎为0，即可倒入发酵醪贮池，并缸后用泵打入蒸馏釜中，用蒸汽加热蒸馏。

（5）截头去尾，中流酒控制酒精含量为58%～60%，入库贮存1年，经勾兑出厂。

传统米香型白酒的生产方式是手工操作，不能大规模流水作业，但随着时代发展，现在的工艺流程已改造为使用连续蒸饭机、糖化槽及大罐发酵和不锈钢蒸馏锅的机械化作业线，生产效率大为提高。

米香型白酒

## 传说故事

### 米香型白酒的历史

米香型白酒历史悠远，很多专家学者公推它为中国白酒的起源酒，而且米香型白酒是用生物发酵的手工酿酒法酿造出来的，密香轻柔、绵甜醇厚、幽雅纯净、回味悠长，营养丰富、绿色健康、无邪杂味。

米香型白酒历史悠远，其起源也是众说纷纭无法考证，其中杜康造酒一说最为广泛流传，许慎《说文解字》中述："古者少康初作箕帚、秫酒。少康，杜康也。"相传杜康时年在禹王手下管理粮库，粮食发霉后苦于无良策治理，他在踌躇焦虑时无意中发现，霉烂的粮食能够酿造出飘香的"神水"，他将"神水"谨献给禹王后，回到家乡，开始终年造酒。杜康传说是中国造酒的始祖，而且米香型白酒是用生物发酵手工酿酒，由此，很多专家学者推断米香型白酒为中国白酒的起源酒。相传，杜康在禹王手下管理粮库，粮食发霉后苦于无良策治理，他在踌躇焦虑时无意中发现，霉烂的粮食能够酿造出飘香的"神水"；再将"神水"进献给禹王后，杜康回到家乡，开始终年造酒；并对这种方法进行总结，最终酿制出了甘甜的美酒。

这种说法虽然具有传奇色彩，但却描述了杜康就是酿酒始祖的事实。由此，人们推断中国白酒最先出现的是米香型白酒。

# 特香型白酒

渭城朝雨浥轻尘，客舍青青柳色新。
劝君更尽一杯酒，西出阳关无故人。

——《渭城曲》（唐）王维

## 一、基本特性

**名称**

特香型白酒，属大曲香型白酒。

**代表酒**

江西四特酒等。

**来源及产地**

特香型白酒以整粒大米为主要原料，以中高温大曲为糖化发酵剂，经传统固态法发酵、蒸馏、陈酿、勾兑而成，其代表酒是四特酒，四特酒诞生于江西樟树。早在明清时代，四特酒就已畅销湖南、湖北、广东、广西、浙江、福建等地。

## 二、风味成分

特香型白酒富含奇数碳脂肪酸乙酯，其含量为各种香型白酒之冠。这些酯类主要是丙酸乙酯、戊酸乙酯、庚酸乙酯、壬酸乙酯，其中主要成分为丙酸乙酯，这些酯类使特香型白酒具有多类型、多层次的芬芳香味。

特香型白酒的酒体醇厚丰满，协调和谐，入口绵甜，圆润；后味爽净，无邪杂味；酒色清亮透明，酒香芬芳，酒味醇正，酒体柔和；既清淡又浓郁，既优雅又舒适。

## 三、酿造工艺

特香型白酒的工艺特点为“整粒大米为原料，大曲面麸加酒糟，红赭条石垒酒窖，三型具备都不靠”（三型指浓香型、酱香型、清香型），具有典型风格及独特工艺。

（1）原料预处理

糠味是白酒中的杂味，故稻壳在使用之前，必须进行清蒸，以稻壳蒸透、闻之无生糠味为准，清蒸完毕后，让其自然冷却备用。在拌料前，需将大米原料打堆，并泼上酿造用水进行润粮，以使大米完全湿润为限（新粮不需要润粮）。

（2）配料

配料方法：第一甑不加新料，称为“头糟”。发酵完毕的窖池用铁锹铲去封窖泥，再将接触窖泥的酒醅铲去约5厘米丢弃后，根据季节和投料量多少挖取窖池上层的酒醅1500～2100千克，拌入熟稻壳60公斤左右待蒸。第二甑和第三甑都加入新料，称作大渣和二渣。继续挖出大量窖池中的中层发酵酒醅，将约600千克大米均匀地拌入酒醅中，再配熟稻壳180千克左右，三者混合拌匀，随挖随拌，打碎团块，拌匀后成堆，表面再覆盖一层稻壳，分两次装甑蒸料。第四甑蒸上排回糟（称“丢糟”）。回糟在发酵窖底，因其水分较大，故配入约120千克熟稻壳拌匀。在生产中要求严格按生产工艺，控制粮醅比例、用水量、填充料量的范围。在拌料过程中，要做到低拌均匀，无明显的较大团块，翻拌的同时用竹扫把将团块扫散，使料醅更均匀。

（3）装甑

在上甑前先将甑底打扫干净并用水清洗，将甑底废水排放干净后再将出水口密封好，以防止酒尾和蒸汽的流失。上甑前，先用少许清蒸后的稻壳垫甑后再进行装甑。装甑要求六个字：松、轻、准、薄、匀、平。

（4）蒸酒蒸粮

蒸馏过程中，要做到小汽蒸馏，大汽追尾；做到不跑汽、不压酒、不打泡；掌握蒸馏时间，做到料熟酒尽；注意酒基温度，蒸酒时流酒速度不超过3.5千克/分钟，看花摘酒、截头去尾，每甑摘取酒头2～3千克作为勾兑调味酒。酒精含量在45%以下的酒尾不入库，各甑酒尾集中于最后一甑倒入底锅，蒸酒回收。蒸酒结束后，移开甑盖继续蒸料排酸，如料未蒸熟，还要加水再蒸。夏秋气温高，规定必须开大汽排酸10~15分钟，方可出甑。

（5）摊凉下曲

头糟出甑后，开动风机，边通风边翻拌，使品温降到30℃左右，开始撒大曲粉。头糟加曲量约35千克，翻拌均匀，当品温下降到24℃左右时，就可收拢成堆，入窖发酵。第二甑、第三甑堆积时应立即加入70℃以上的热水360千克左右，使糟醅充分吸水，加强淀粉的糊化。然后散开酒醅进行通风冷却至30℃左右后，加入大曲粉100千克左右，拌匀，待品温降到入窖温度后，即可入窖发酵。

（6）入池封窖发酵

大渣入窖后摊平踩实，再加入20千克酒精含量20%以下的尾酒；二渣入窖后，酒醅呈中高、边低状，加入40千克酒精含量20%以下的尾酒。大渣、二渣下窖时，应用竹片隔开，以便分清。入窖完毕后，盖好塑料布，再用封窖泥封窖，发酵时间为1个月。发酵期间糟醅的发酵品温升温幅度应大于10℃，但不能超过40℃。发酵过程的温度应遵循“前缓、中挺、后缓落”的规律，才能保证产酒生香的顺利进行。要经常检查窖池，确保厌氧环境要求，以达到不透风、无烂糟、正常发酵的目的。

（7）贮存

根据理化分析、感官品评鉴定，分级入库陈酿。

特香型白酒

## 延伸阅读

### “四特酒”名字的由来

“四特酒”，一个非常让人好奇的名字，因为在白酒命名之中使用数字的寥寥可数。而四特酒在中国白酒市场的销量还是可观的，至少有不少人听说过。四特酒这个名字起的还是挺有来头的，民间流传着许多典故。

其一，四特酒产于樟树，它是一个小镇，属于江西四大名镇之一。相传在人类文明的开端，也就是五千年之前，仪狄在樟树酿造出世界上第一窖酒。在商朝灭掉夏朝之后，商朝的吴王一直对仪狄的酿酒技术很痴迷，遣人四处寻找仪狄的酿造方法。功夫不负有心人，他们终于在夏朝的先祖遗迹之中找到了仪狄酿酒的图谱，然后根据图谱开始酿酒。吴王对此极其重视，采用九龙泉水和图谱上记载的优质水稻，经过九九八十一天，才酿造出了一斗酒。吴王饮后惊呼“此与四特珍贵无二”。在商朝时期“特”指的是强壮的公牛，“四特”就是四头公牛了。在那时，四头公牛可以称得上是“国宝”了。也是因为此事，仪狄酿制的酒就被称为“四特酒”了，并且一直传承了下来。

其二，四特酒的出名并不在商朝时期，而是到了清朝的时候，一个叫作娄德清的人创造了“四特酒”这一品牌。这个娄德清之前只是一个酒家小打杂的，一直默默干了很多年，在干活之余还潜心研究酒的酿造，不断提高自己的酿造工艺，最后终于功成。然后他开办了一家叫作“娄源隆”的酒家。他在四特古法酿造技艺上加上自己研究出来的技术，使酒店的生意越来越红火。他酿造的四特酒，酒体清晰明亮，无沉淀物，也没有杂质，并且香飘十里，饮后回味无穷。四特酒吸引了不少的酒客，一时名声大噪，娄德清为了防止有人假冒，于是在酒坛上贴上了“特”“特”“特”“特”四个大字为防伪标志。直至现今，四特酒的包装依旧如此。

# 凤香型白酒

送客亭子头，蜂醉蝶不舞。
三阳开国泰，美哉柳林酒。

——《赞柳林酒》
（唐）裴行俭

## 一、基本特性

**名称**

凤香型白酒，属大曲香型白酒。

**代表酒**

西凤酒等。

**来源及产地**

凤香型白酒产于陕西的凤翔、宝鸡、岐山一带，自唐朝起即为珍品。其代表酒西凤酒是我国古老的历史文化名酒之一，它始于殷商，盛于唐宋，距今已有3000年历史。



凤香型白酒原料——高粱

## 二、风味成分

凤香型白酒主体香味成分是乙酸乙酯、己酸乙酯和异戊醇，其酒液清澈透明，香气芬芳、幽雅、馥郁，酒味醇厚、清冽、绵软、甘润，属于清香型，饮后有回味，久而弥芳，风味极致。

凤香型白酒以高粱为主料，采用多粮发酵，正是利用粮食间的营养互补、作用互补，为味觉层次上的丰富提供了较为全面的物质基础。因此，用多种原料酿酒弥补了单一原料酿酒香气单调、复合香差等不足，使酒体丰满、风格独特。

## 三、酿造工艺

西凤酒以当地高粱为原料，用大麦、豌豆制曲，采用立窖、破窖、顶窖、圆窖、插窖、挑窖等特殊发酵工序，采用续渣配料，土窖发酵（窖龄不超过1年），发酵期仅14~15天，然后入库3年以上，再通过勾兑、调和等酿造工艺酿制而成。

（1）对原料的要求

原料要尽可能保持相对稳定。原料变动时，应根据不同原料的特性，采用相应的菌种和工艺条件。注意原料的成分，应分析原料中的有用及有害成分的含量，并注意有用成分之间的比例；对有害成分应在原料预处理、浸泡、蒸煮、蒸馏等工序中设法除去；对含土及杂物多的原料应进行筛选，以免成品酒带有明显的辅料味和土腥味；原料入库水分应在14%以下，以免发热霉变而使成品酒带霉味、苦味及其他邪杂味。对于产生部分霉变和结块的原料，应进行清蒸；对于霉腐严重的原料，其成品酒的邪杂味难以根除，可采用复馏的办法来改善酒质。

（2）对辅料的要求

辅料要求杂质较少、新鲜、无霉变，具有一定的疏松度及吸水能力，含有某些有效成分，如含少量果胶、多缩戊糖等。酿酒采用的辅料为当地生产的稻壳，一般使用2～4瓣的粗壳。经适度粉碎后的稻壳吸水能力增强，可避免淋浆现象，又因价廉易得，故被广泛用作酒醅发酵和蒸馏的填充料。但稻壳含有多量的多缩戊糖及果胶质，在生产过程中会生成糠醛和甲醇，故在使用前须清蒸30分钟以上。

出酒率和成品酒的质量与辅料的用量密切相关，还因季节、原辅料的粉碎度和淀粉含量、酒醅酸度和黏度等不同而异。在一定的范围内，辅料用量大，加水量也相应增加，故产酒较多，但若辅料用量过多，则相对降低了设备利用率，还会增加成品酒的辅料味，故辅料用量须严格控制。

（3）高温曲、中温曲搭配使用

凤香型白酒的酿制过程中，高温大曲和中温大曲按比例混合使用，这对形成酒的典型风格起着关键性作用。高温大曲中有耐高温细菌、高含量的酸性蛋白酶、种类繁多的微生物种、复杂的酶系等，呈香呈味物

质丰富，它是酒体呈现香气浓郁、复合香较好的重要条件。由于高温大曲糖化发酵力低，而中温大曲的糖化发酵力比高温大曲高，因此，中温大曲可以弥补高温大曲的不足，有利于提高出酒率。

（4）低温发酵

低温入窖与缓慢发酵是酿酒生产工艺的控制点，有利于醇甜物质的形成、控酸产酯以及控制高级醇的形成，加速新窖老熟。入窖温度的高低是正常发酵的首要条件。如果入窖温度过高，会使粮糟糖化发酵升温快，影响糖化与发酵作用的协调；若入窖温度过低，也不利于有益酿酒微生物的生长繁殖，使酿出的白酒香味短、酒味淡、产量低等。最佳的入窖温度应控制在18～20℃，总升温幅度在13～15℃。入窖温度的控制应根据粮糟和曲粉的情况灵活掌握，随季节变化，适温入窖，保持窖池正常升温，以有利于发酵为准，从而达到控酸的目的。

（5）缓火蒸馏

“生香靠发酵，提香靠蒸馏”，加强上甑操作人员的基本功，以确保做到“轻、松、匀、薄、准、平”，探汽装甑、见潮就撒，不压汽、不跑汽，“中汽装甑，缓汽馏酒，大汽追尾，掐头去尾，量质摘酒”。

（6）勾兑入库分存

白酒的勾兑是将有各种优缺点的酒及香味成分以不同的比例组合在一起，使其取长补短，协调平衡，以统一标准，使产品质量保持稳定并得到提高，使“带酒”“基础酒”“搭酒”之间成为最佳组合，让酒体风味更佳。通过掌握凤香型白酒中酸的作用，以及不同酸的含量和量比关系规范酿酒工艺，科学控制白酒生产过程中酸的生成，可提高酒体的质量和档次，生产出“窖香浓郁、香味谐调、绵甜柔和、后味悠长”的凤香型白酒。

白酒在贮存陈酿过程中必须进行分质分存，同时保证贮存期。随着贮存期的增加，酒体中的杂质不断地挥发，就可以减少酒的刺激性和新酒的不良气味。

## 西凤酒曾名“秦酒”

西凤酒最古老的名字叫“秦酒”。那么，“秦酒”为什么成了“西凤酒”呢？这与秦族历史悠久的凤鸟崇拜和当地流传的凤凰故事有关。秦族崛起于西部，但其祖先却属于东方凤鸟崇拜部落。据《史记》记载，秦族的女始祖叫女脩，她吞食玄鸟的卵而怀孕，生下了男始祖——大业，大业生伯益，伯益的大儿子称为鸟俗氏，其后裔相传是“鸟身人言”。这些都说明秦的祖先是以玄鸟为图腾的崇凤之族，因此，先秦时期凤翔、宝鸡一带就流传着“陈宝化雉”和“吹箫引凤”两个美好的故事。

“陈宝化雉”的故事发生在宝鸡，宝鸡古名陈仓。陈宝是陈仓宝夫人的简称，它是一只雌性神雉化成的石鸡。据《列异传》中记载，“陈仓人得异物以献之，道遇二童子云：‘此名为媦，在地下食死人脑。’媦乃言：‘彼二童子名陈宝，得雄者王，得雌者霸。’乃逐童子，化为雉。秦穆公大猎，果得其雌，为立祠。祭，有光、雷电之声。雄止南阳，有赤光长十余丈，来入陈仓祠中”。所以世谓之宝夫人祠，抑有由也。陈仓后来改名为宝鸡，也是由于这个神奇的传说。

“吹箫引凤”说的是秦穆公女儿弄玉和箫史结合，双双乘龙驾凤而去的故事。刘向《列仙传》中记载：“萧史者，秦穆公时人也，善吹箫，能致孔雀、白鹤于庭。穆公有女字弄玉，好之，公遂以为妻焉，日教弄玉作凤鸣，居数年，吹似凤声，凤凰来止其屋。公为作凤台，夫妇止其上。不下数年，一旦，弄玉乘凤、萧史乘龙升天而去。”

因为这段凤凰传说，这儿的酒也和凤凰关联起来。到了唐代，凤翔就俗称“西府凤翔”，“西凤”就此而来。唐肃宗至德二载（757年），因为希望获得唐室中兴的吉祥，讨个口彩，朝廷将雍州改称“凤翔”，凤翔由一个县成了一个州，级别提高，范围扩大了。据张能臣《酒名记》中记载，宋代“凤翔橐泉”酒已著称，清代以“凤酒”著称，而且在“八百里秦川”的宝鸡、岐山、眉县及凤翔县等地酿制的烧酒统称为“凤酒”。

# 董香型白酒

诗人满座闻风至，昂首高歌共举觞。
未曾登高皆尽醉，山城董酒正飘香。

——《山城董酒正飘香》
（现代）王端诚

## 一、基本特性

**名称**

董香型白酒，又名药香型白酒。

**代表酒**

董酒等。

**来源及产地**

董香型白酒将大曲与小曲并用，并在制曲配料中添加了多种中草药，其风格被行家们归纳为“酒液清澈透明，香气优雅舒适，入口醇和浓郁，饮后甘爽味长”。它以独特的工艺、独特的风格、独特的香气组成

董香型白酒的贮存

成分（“三独特”）及优良的品质驰名中外，在全国名优白酒中独树一帜。

董酒产于中国优质白酒核心区——贵州遵义，为贵州省著名的白酒之一。

## 二、风味成分

董酒的香气中带有浓郁的酯类香气并透出特殊的药香，是白酒中的特殊香型，风格特异。这是由于董酒是国内唯一使用130多种纯天然草本植物“制曲”并参与酿造而又没有成为药酒，且具有多种健康功能的传统白酒。这130多种纯天然草本植物经过复杂、长期的发酵后，一些有益的微量成分随着白酒的蒸馏过程而进入酒中，在微生物作用下，形成了酸、酯、醇、醛等成百上千种微量成分，包括酯类化合物多元醇、吡嗪类化合物等多种对人体有益的成分。

董酒“百草入曲”而不成药酒的神奇工艺，是其他白酒所不能做到的。它具有幽雅舒适的百草香以及许多对身体有益的微量成分，长期适量饮用，对健康十分有益，这就是其配方成为国家秘密和称其为“国密董酒”的原因之一，也是“董香型”的主要来源。

## 三、酿造工艺

董酒独特的工艺操作：先用糯高粱为原料，以小曲酒酿造法取得小曲酒，再用小曲酒串蒸董酒香糟从而得到董酒。董酒发酵是用小曲酒糟、董酒糟、董酒香糟三者混合后，加入大曲在地窖内长期发酵。新发酵出的董酒经鉴定后分级贮存，一年以后再勾兑包装出厂。

董酒的独特风格：（1）用小曲酒串蒸大曲酒，因而使董酒既具有大曲酒的浓香，又具有小曲酒的绵柔、醇和、甘甜的特点，在我国的白酒中独成一型；（2）董酒的下窖发酵是用酒糟再发酵，发酵时间较长，酸度偏高，窖底香持久，回味中微含爽口的酸味；（3）大曲、小曲中都配入品种繁多的珍贵中药材，酒味略带使人心旷神怡的药材香。

董酒串香工艺分为两种：一种是复蒸串香法，即按固态小曲酒酿制方法出酒后，入底锅，用大曲法制作香醅进行串蒸；另一种是双醅串香法，即把以小曲发酵好的酒醅放入酒甑下部，上面覆盖大曲制作的香醅进行蒸馏。传统的董酒生产系采用复蒸串香法，现已改成双醅串香法。其工艺的主要特点包括：（1）采用大曲和小曲两种工艺。从微生物状况，小曲多用纯种，以糖化菌、酵母菌为主，酶系比较简单；大曲系天然培养，大曲中除霉菌、酵母菌外，还有众多的产香微生物。故采用大小曲结合，扩大了微生物的类群，起到了出酒与增香的互补作用。（2）制曲时添加中药材是董酒工艺的一个特点。其作用是为董酒提供舒适的药香，并利用中药材对制曲微生物起促进或抑制作用。实验结果表明，中药材对酵母菌的影响较大，对曲霉的影响次之，对根霉的生长影响甚小。（3）特殊的窖泥材料。董酒生产的窖泥材料，采用当地的白泥和石灰，并用当地产的杨桃藤浸泡汁涂抹窖壁。这对董酒香醅的制作，对董酒中的丁酸乙酯、乙酸乙酯、己酸乙酯、丁酸、乙酸、己酸等成分的生成和量比关系，以及董酒风格的形成具有重要的作用。

董香型白酒

## 延伸阅读

### 董酒的历史渊源和命名故事

董酒原产于贵州遵义（古称播州），明朝万历年间，朝廷与黔北土司打了一场平播战争。通过这场战争，明朝改土归流，结束了播州的土司统治。战后，不少来自内地的官兵就在贵州落户入籍，也就是从那时起，贵州小曲酒的生产得到了迅速的发展。

据典籍记录，平播战争前后，有一个祖籍江西的程氏入籍贵州，而他正是发明董酒之人。至今为止，程氏一脉入黔落籍已历经十五代人。到了康熙初年，从董公寺到高坪这不到十公里的地段里，就有十余家酿酒坊，而在董公寺以及刘家坝一带也有五六家。在这么多的酿酒坊里，以几代酿酒为生的程氏酒坊所酿制的小曲酒最为出色。

程氏酒坊的小曲酒之所以为人称道，是因为经过程明坤等先人们不断搜集民间有关酿酒、制曲的配方加以研究改进，并对董酒的酿造工艺和配方代代传承，不断总结、归纳和演进，最终形成了制小曲的“百草单”和制大曲的“产香单”。这两个制曲配方浓缩了130多种纯天然中草药，不仅丰富了董酒的内涵，还赋予了董酒固本、活血、益神、提气以及调整阴阳等功效。

抗日战争时期，浙江大学曾经西迁遵义。浙大教授们来到董公寺，发现这里的酒水极具特色，通过对酿酒工艺以及配方进行了解，他们发现参与制曲的有超过130多种纯天然中草药，这里的酒是名符其实的百草之酒，更是“药食同源”“酒药同源”的传承者。浙大教授们赞不绝口，便提议将此酒命名为“董酒”，既是因为董酒产地在“董公寺”一带，又是因为“艹”和“重”组成了董酒的“董”字。我们只要看到董酒，就知道这是一种百草之酒。此后，董酒便在全国声名鹊起。

# 兼香型白酒

倾白酒，绕东篱。只于陶令有心期。
明朝重九浑潇洒，莫使尊前欠一枝。

——《鹧鸪天·重九席上作》
（节选）（宋）辛弃疾

## 一、基本特性

**名称**

兼香型白酒，又称复香型白酒、混合型白酒。

**代表酒**

郎酒、白沙液、白云边酒、口子窖等。

**来源及产地**

兼香型白酒是指在自然环境、生产原料、酿造工艺等因素的影响下，生产的至少兼有酱香、浓香、清香等两种以上香型的白酒，具有一酒多香的风格，一般均有自己独特的生产工艺。

安徽濉溪为我国首个获原产地域产口保护的兼香型白酒产地。

## 二、风味成分

兼香型白酒具有的风格是清亮透明（微黄）、酱浓协调、幽雅舒适、细腻丰满、余味悠长。从香味组分上来看，兼香型白酒中一些化合物的含量恰恰落在浓、酱之间，较好地诠释了该酒“酱”“浓”相兼的特点；但是也有某些成分不在这个区间内，这又表明每种酒都有自己的特性。

兼香型白酒

兼香型白酒将酱香、浓香、

窖香、粮香、曲香等有机地结合在一起，浑然一体，以幽雅的酱香和浓郁的窖香为主体香韵，舒适的粮香和曲香加以修饰和衬托，改善了酱香型白酒粗糙的后味，克服了浓香型白酒香浓、口味重的通病，满足了广大消费者全方位饮酒舒适度的需要。

## 三、酿造工艺

兼香型白酒，创新于20世纪70年代初，在学习总结名优白酒生产经验基础上，将茅台酒和泸州曲酒两种生产工艺糅合在一起所形成的独特工艺。生产兼香型白酒的主要原料为高粱。兼香型白酒在生产时需要进行多次投料、6次堆积、清蒸以及混合蒸馏连续进"糙"相结合，再经9轮操作、7次取酒，泥窖发酵最终完成。

兼香型白酒酿造工艺

## 传说故事

### 郎泉酿郎酒

人说“好酒必有佳泉”，酿造郎酒的是一股山泉水，名叫郎泉。

关于郎泉，民间流传着一个美丽的传说：从前，赤水河边有一个英俊的青年李二郎，爱上了美丽的姑娘赤妹子。但贪财的爹妈不肯把女儿嫁给穷苦的李二郎，提出了要百坛美酒作聘礼的苛刻条件。二郎为了和心爱的姑娘结合，便在赤水河边的荒滩上夜以继日地挖泉找水。直到挖断了99把锄头，他才挖出了泉水，开出了清泉，酿出了美酒。李二郎在乡亲们的帮助下，抬上百坛美酒，把赤妹子接到了家。此后，二郎酿出的酒更加香甜醇美，名扬四方，人们就把李二郎挖出的泉水叫“郎泉”，酿出的酒叫“郎酒”。

如今的郎泉，在郎酒厂左侧的半山腰上，泉水经岩层砂石过滤，明如镜，洁如冰，碧如玉，甘如露，一泓清泉，贮于精心修筑的石库之中。

除了郎泉，郎酒厂还有一对天然溶洞——天宝洞和地宝洞。两洞位于蜈蚣岩千仞绝壁之下，距郎酒厂五里之遥，面积约一万平方米，作贮存郎酒之用。洞中冬暖夏凉，有利于酒的老熟，为贮酒之佳地，“郎泉”“宝洞”可为郎酒厂二绝，因此有“郎泉水酿琼浆液，宝洞深藏酒飘香”之说，郎酒亦有“酒林奇葩”之称。

# 老白干型白酒

山秀芙蓉，溪明罨画。真游洞穴沧波下。
临风慨想斩蛟灵，长桥千载犹横跨。
解佩投簪，求田问舍。黄鸡白酒渔樵社。
元龙非复少时豪，耳根洗尽功名话。

——《阳羡歌·山秀芙蓉》
（宋）贺铸

## 一、基本特性

### 名称

老白干型白酒的称谓中，所谓“老”，是指历史悠久；“白”，是指酒质清澈；“干”，是指酒度高，达67度。

### 代表酒

衡水老白干等。

### 来源及产地

老白干型白酒自古以来便享有盛名，明代就有“飞芳千家醉，开坛十里香”之誉。据传，明嘉靖年间建造衡水木桥时，城内有家“德源涌”酒店，很有名望，建桥工匠常到此聚饮，饮后赞曰：“真洁，好干！”后取名“老白干”。衡水老白干有着悠久的酿造历史，兴于汉，盛

于唐，正式定名于明，并以“醇香清雅、甘洌丰柔”著称于世。衡水老白干的酿造生产1900年来基本上没有间断。

## 二、风味成分

老白干型白酒的特点是香气清雅，自然协调，绵柔醇厚，回味悠长。衡水老白干是老白干型白酒的代表，它具有乳酸乙酯和乙酸乙酯为主体的自然协调的复合香气。其香气清雅而不单一，带有浑然一体的厚重感，但又清晰、清新。这种香气不是气味上的浓重，而是轻淡中的雅致和多重性。老白干型白酒区别于其他香型白酒的最大特点为其乳酸乙酯与乙酸乙酯的比例不小于0.8。这一比例关系失调，有可能偏向于单一的清香，或清而不雅致，或产生钝香，严重者会有杂味而失去风格。醇厚甘洌是衡水老白干的突出特质。

## 三、酿造工艺

老白干型白酒使用东北优质红粮为主要原料，要求颗粒饱满、无霉变、杂质低于3%、含水量14%以下。粉碎前需经脱壳处理。原料脱壳后采用双辊粉机粉碎，要求整粒低于1%，粉面不超过20%，粉碎度为6~8瓣为宜。

老白干型白酒生产采用稻壳为辅料，用以疏松酒醅、增大发酵界面、降低淀粉浓度、吸收水分，可利于发酵、吹风散热和便于蒸馏；要求辅料新鲜、无霉变和杂质。使用之前要求清蒸辅料40分钟以上，使之去除邪杂味，有害物质得到分解。发酵好的酒醅因在缸中所处位置不同，质量有差异，上、下层质量略差些。配好的酒醅要求均匀，无疙瘩，无五花三层，之后迅速盖上清蒸过的稻皮，整个操作过程要求“快、准、匀”。

老白干型白酒生产用簸箕装甑。传统甑桶为木质，外面用三根铁箍固定。经过长期实践，总结出“三齐装甑法”。“一齐”即装甑开始至料醅约一尺厚，与桶外底箍相齐这一阶段。“二齐”指“一齐”后至料醅与第二道箍相齐的阶段。“三齐”即“二齐”后到料醅与第三道箍相齐，为准备扣盘的阶段。

老白干型白酒的蒸馏过程分四段：酒头、酒身、尾酒、稍子。生产用水为优质深井水，水质清澈透明，入口微甜。老白干型白酒用大曲为自产纯小麦中低温曲，糖化力在1300及以上，发酵力在80%以上，含有多种真菌、细菌等微生物，这是老白干酒具有独特风格、区别于其他白酒的根本原因。

加浆后的酒醅经翻倒匀浆后上晾床吹风，前端酒醅经打散后用以拌曲，使曲体积扩大，加曲时更加均匀；曲面附着于酒醅上，之后将拌好的曲均匀加入吹晾的酒醅，经搅拌，扬渣后入缸发酵。老白干生产过程中发酵容器为地缸，容重为150～160千克。晾好的酒醅迅速入缸、踩缸、做缸、盖缸。

老白干型白酒

## 传说故事

### 滏阳河畔酒井的传说

相传，一千多年前，滏阳河畔有一个桃花盛开的小村庄，村口有一家酒坊——桃花村酒坊，高挑酒旗，上书“老白干酒”。掌柜是一位40多岁的寡妇，人称薛二嫂，她经营的酒家是前店后坊，生意兴隆。

一日，店里来了位白发老石匠，开口讨酒喝，日复一日，照常喝酒却不付分文。薛二嫂找机会问老石匠原因，老石匠说：“你们这儿的酒不是‘老白干’吗？为什么还要钱？”薛二嫂说：“不错，我们这儿的酒是叫‘老白干’，这种酒是我祖上几代人留下的老作坊酿造的，这酒洁白纯正，酒度高烈，点燃后不留水分，所以我们这里的人都把它叫‘老白干’。这酒是我们自己酿的，老人家只管喝，有钱付钱、无钱白喝。只要能给‘老白干’扬名，足矣！”于是薛二嫂依然为老石匠敬酒端菜，殷勤招待。

为答谢薛二嫂，老石匠在她家后院动手凿出了一口水井，完工后，老石匠却在井旁化作一缕轻烟而去，众人无不称奇。只见此井清水潺潺、波光粼粼，于是人们安上辘轳，汲上井水，竟然是清澈的甘泉水。用此井水酿酒，酒味更加醇香可口、风味独特。因此，各地制酒匠人，纷纷在此附近建坊，用此井水酿酒，此地日益兴旺发达。

数百年后，小村庄也就变成了衡水城，用此井水酿成的独具风味的衡水老白干酒更是名声远扬。

# 豉香型白酒

雨洗秋空斜日红。青葱瑶辔玉玲珑。
好风吹起□江东。
且尽红裙歌一曲，莫辞白酒饮千钟。
人生半在别离中。

——《浣溪沙·劝酒》
（宋）舒亶

## 一、基本特性

**名称**

豉香型白酒，俗称玉冰烧白酒。

**代表酒**

广东佛山玉冰烧、九江双蒸酒等。

**来源及产地**

豉香型白酒以大米为原料，经蒸煮，用大酒饼作为主要糖化发酵剂，采用边糖化边发酵的工艺，蒸馏陈酿勾调而成具有豉香风格的白酒。豉香的“豉”，本意是发酵过的豆子，当时将这种酒命名为豉香型白酒，可能是因为这种香味儿接近豆豉的香气，但含义不够准确，因为这酒的香味离豆豉的香味其实并不近，更接近于腊肉和豆豉的复合香味。

豉香型白酒以广东为主产地。

豉香型白酒原料——大米

## 二、风味成分

豉香型白酒的特点是玉洁冰清、豉香独特、醇和甘滑、余味爽净。玉洁冰清是指酒体无色透明，由于在低度基础酒（也叫斋酒）中存在高级脂肪酸乙酯而致使酒液混浊，经浸泡肥肉过程中的反应和吸附，使酒体无色透明。豉香独特是指酒中的基础香，与浸泡肥肉的后熟香所结合的独特香味。醇和甘滑、余味爽净指该酒是经直接蒸馏而成的低度酒，因而保留了发酵所产生的香味物质；经浸肉过程的复杂反应，使酒体醇化，反应生成的低级脂肪酸、二元酸及其乙酯和甘油融入酒中，增加了酒体的甜醇甘滑；工艺中排除了杂味，使酒度低而不淡，口味爽净。豉香型白酒的香味成分，其定性组成与其他香型酒相似，只是在含量比例上有较大差异，并进一步确定其特征香味成分：β-苯乙醇含量最高（20～127毫克/升，平均66毫克/升），同时含有庚二酸二乙酯、辛二酸二乙酯、壬二酸二乙酯，同时还定性确认有α-萜品醇、3-乙氧基-1-丙醇、3-甲硫基-1-丙醇、苯甲醇等的存在。




## 三、酿造工艺

豉香型白酒是大米原料经小曲酒饼采用半固态半液态糖化、发酵后，液态蒸馏得到基础酒，再经肥肉浸泡、贮存、勾兑而成的一种酒。

（1）蒸煮

利用蒸汽将大米蒸成饭粒疏松、内无生心的米饭。

（2）摊凉

将熟饭吹凉，摊凉后饭温为28～38℃。

（3）加曲

熟饭摊凉后，按大米量的16%～20%均匀添加经粉碎处理的小曲酒饼。

（4）发酵

在发酵容器内按照大米与水为1：1.6的比例加水发酵，发酵周期为15~20天，发酵温度控制在28~36℃。

（5）蒸馏

发酵醪经釜式间歇蒸馏，掐头去尾，收取中段馏出酒液，酒度比成品酒高1~2度。

（6）沉淀

蒸馏后的新酒经6天以上静置，分离。

（7）酝浸

将肥肉浸泡于酒液中陈酿10~20天（每10斤酒放肥肉1斤左右）。

（8）贮存

酝浸后的酒液存放至老熟，贮存时间不少于90天。

豉香型白酒

## 传说故事

### 玉冰烧的传说

清代道光年间，佛山达塘村人陈屏贤创办了“陈太吉酒庄”。那时正是石湾制陶业的鼎盛时期，众多手工业者在劳作之余，都喜欢喝杯酒放松身体，这极大地带动了石湾的酿酒业发展。

陈太吉酒庄第三代传人陈如岳聪明过人，考取了翰林学士，后至贵州任乡试主考。1889年，陈如岳辞官返乡接管陈太吉酒庄，承袭传统工艺，酿制“醇旧太吉酒”，成为地方名酒。豉香型白酒即以佛山太吉酒厂的豉味玉冰烧为典型代表，其酒色澄清透明，豉香纯正，入口醇滑，余味甘美。

玉冰烧号称千杯不醉，饮后也不会上头。由于初蒸出的酒味生涩，不醇和，色泽不是很清澈，看起来很混浊，且酒液入口有辛辣、味重、刺喉等缺点，一些酒坊都在想方设法进行改良。实力雄厚的陈太吉酒庄开始尝试用“猪肉浸泡”的陈酿工艺，并最终获得成功。

具体方法是，每坛放酒40斤、肥肉4斤，浸渍3个月，使脂肪慢慢溶解，与酒起作用，提高其老熟度。经过肥肉陈酿后，将酒倒入大缸或大池中，自然沉淀20天以上。酒中肥肉仍存于坛中，可再放新酒浸泡。以此法陈酿的酒，绵甜柔和，酒体甘洌丰满，酒液清澈，不再混浊。皆因猪肉能吸附杂质，泡在酒中能与酒液融合形成独特酒香，并醇化酒体。

陈如岳把这种米酒取名为“肉冰烧”，因为泡在酒中的肥猪肉，就像晶莹剔透的冰块。后来觉得肉字不雅，而粤语的“肉”与“玉”同音，1895年，酒厂再将肉字改为玉。一字之改，给人的感觉可谓天壤之别，“玉”化腐朽为神奇，由大俗进入大雅境界，“玉冰烧”从此闻名遐迩。

# 芝麻香型白酒

参军春思乱如云，白发题诗愁送春。
遥知湖上一樽酒，能忆天涯万里人。

——《春日西湖寄谢法曹韵》（节选）（宋）欧阳修

## 一、基本特性

### 名称

芝麻香型白酒是新中国成立后研发出的两大创新香型之一（芝麻香型与兼香型），因酒中主体香气与焙炒芝麻的香气类似，也因为原产地是在山东景芝镇，所以称为芝麻香型白酒。

### 代表酒

沭阳芝麻香酒、山东景芝酒等。

### 来源及产地

芝麻香型白酒是酿造技术难度最大、酿造条件要求最高、对环境要求最严格的一个香型，堪称白酒中的“贵族香型”。1957年，芝麻香型白酒首次在山东景芝酒厂被发现，是山东地区白酒的一大特色香型，以山东地区为主产地。

芝麻香型白酒

## 二、风味成分

芝麻香型白酒继承了中国白酒的传统精华，是香型融合的典范，此类酒香气淡雅，焦香突出，入口芳香，以焦香、糊香气味为主，无色、清亮透明；口味比较醇厚、爽口，有类似老白干酒的口味，但后味稍有苦味。它继承了中国传统白酒浓、清、酱三大香型最经典的内容，又顺应现代人对酒体风味的新要求，并深度融合。前香以清香为主，中香以窖香为主，后香以焦香为主，末香以糊香为主，四香复合，呈现出特有的幽雅、细腻的芝麻香。

芝麻香型白酒中吡嗪类及其他杂环类（如呋喃类、酚类、噻唑、含硫化合物等）以适当比例共存时，有可能构成芝麻香的特有香气。生产实践证明，为美拉德反应提供适宜的反应条件是酒产生芝麻香的关键。

## 三、酿造工艺

芝麻香型白酒的主要工艺要点为泥底砖窖、清蒸续糟、大麸结合、多微共酵、四高一长（高氮配料、高温堆积、高温发酵、高淀粉浓度、长期贮存）、精心勾兑。

（1）备料

原辅料先清蒸，以除去杂味，增加酒的爽净感。所谓清蒸，主要就是为了防止粮食中的香气物质对芝麻香主体香气的干扰，续糟更有利于酒醅的发酵和香味成分的积累。适当的己酸乙酯含量对芝麻香的放香具有较好的烘托效果，同时对酒体的细腻感和适口性也起到了十分重要的作用。

（2）润料

润料的目的是使原料吸水膨胀，利于糊化。润料要求水温为90℃左右，加水量约占总量40%，润料5小时以上，并多次翻拌，达到原料润透、无干糁、无疙瘩、手搓成面而无生心。高温润料是清香型白酒生产中采用的独特工艺，也是清香型白酒提高产品质量的重要工序，芝麻香型白酒生产工艺也把高温润料作为提高产品质量的一项重要措施，用于生产中。高温润料时原料吸水速度快，水分不仅附着于淀粉颗粒表面，且能渗入其内部，有利于发酵时缓慢升温，同时促使果胶分解成甲醇，以便在蒸煮时排除，相对降低了成品酒中的甲醇含量。经过润料能生成一些香味物质，也对原料的糊化起一定的作用。

（3）配料与蒸料

芝麻香型白酒的一般配料为高粱80%、小麦10%、麸皮10%；高温曲20%、中温曲5%、芝麻香专用曲20%；稻壳18%~22%。目前，芝麻香白酒的生产厂家，有的采用清蒸混烧工艺，有的采用混蒸混烧工艺，其操作各有长处。采用清蒸混烧工艺操作时，蒸酒追尾完毕后，边出甑、边配料，要将原料和辅料均匀撒入，做到配料均匀、堆呈锥形，配料完毕后倒堆2~3次，拌散、拌匀后装甑蒸料，要装松、装匀不压汽、不窝汽，圆汽后蒸料50~55分钟，以粮食蒸熟为准，做到熟而不黏、内无生心，糊化率达到95%以上。

（4）窖池选择

窖池均在地下，大多采用泥底砖壁，即窖底铺15厘米人工老窖泥，窖壁为砖砌。砖壁能栖息部分微生物，对形成优雅细腻的芝麻香型白酒风格是有益的。

（5）高温堆积、高温发酵

原料加曲后不立即入窖，而是堆积一段时间。当温度上升后再翻拌入窖。高温堆积、高温发酵是酱香型白酒的生产工艺，引入芝麻香酒生产中来，对芝麻香型白酒香味成分的形成、提供美拉德反应的前驱物质和反应环境、为高温发酵提供基础条件等方面都起着非常重要的作用。一般选择的堆积起始温度为夏秋28℃左右，春冬30℃左右，堆积时间不超过24小时，堆积坝高度50厘米左右，以长条形为宜，堆积温度45~50℃；当堆积糟表层生出大量小白色斑点时，用手插入糟内感到手热，取出糟时会闻到浓郁的水果香气，可翻堆入池。酒醅入窖温度控制在

35℃左右，窖内升温幅度8～10℃，品温遵循前缓、中挺、后缓落的原则，顶温保持在43℃左右，发酵期40天左右。

（6）分层蒸馏、分段接酒、地窖贮存

分层蒸馏、分段接酒、地窖贮存是确保酒体质量的关键。由于井窖深，因此随窖深度的不同，蒸出的酒各有特点。底层酒醅受窖泥的影响，已酸乙酯含量较高，酒质偏浓；中层酒醅乙酸乙酯含量较高，酒质偏清；上层酒醅因品温高，酒中乳酸乙酯含量偏高，焦香突出。每层前、中、后各馏分的风味差别也较大。根据蒸馏时取样测定，又将每次蒸馏分为10个馏分，最后一个馏分接酒54度左右。这样整个窖子分为30个馏分，分别存放。1个月后将风味一致的并坛，在地下酒窖贮存。

（7）储存勾兑

刚蒸馏的新酒，不仅糙辣，口感欠柔和、欠醇和，酒体欠丰满，带有苦涩味，而且芝麻香不明显，必须经过贮存老熟，才能得到改善。芝麻香型白酒的贮存容器为陶坛，与其他容器相比较，陶坛贮存更利于酒的老熟，而且由于陶坛的容积较小，更加便于实行量质摘酒，分级并坛，合理建卡。陶坛独特的“微氧”环境，使坛内酒液和微量成分，通过互溶、缔合、氧化催化、还原、酯化作用，使酒中醇、醛、酸、酯等成分达到新的平衡，不但排杂、增香，改进酒的风味，而且使品质提升，风格更典型。

芝麻香型白酒

## 延伸阅读

### 工艺创新，打造特色鲁源芝麻香

芝麻香，通常被认为是芝麻香型白酒的代名词，是中华人民共和国成立后两大创新香型之一，于1957年在山东景芝酒厂研制成功。1965年，国家轻工业部临沂会议正式确立了“芝麻香”这一科研课题。1985年，全国的白酒专家在山东景芝酒厂组织的科研成果评定会上，对芝麻香型白酒给予了充分肯定：“芝麻香型白酒”有别于浓、清、酱三大香型，山东是酿酒大省，可以发展芝麻香型白酒作为鲁酒的代表香型。1988年，在第五届全国评酒会上，芝麻香型白酒被单独列组评比，并获得一致好评。

芝麻香型白酒是山东地区白酒的一大特色香型，因此一直是山东白酒企业的重点研发项目，尤其是从2009年开始，鲁酒领军企业纷纷发力研发芝麻香产品，并在2012年到达巅峰。然而，市场远未达到预期，高潮随之退去，芝麻香型白酒步入低谷，日渐式微，许多企业最终选择了放弃。到了2018年，十年时间雨打风吹去，山东省内也仅有景芝、鲁源等极少数企业还在坚守着“芝麻香”这一鲁酒特色香型。

虽然是一个县域酒企，但鲁源酒业却有着110年的发展史。其起源于清光绪三十四年的盛源号酒坊，从东里店酒厂、悦庄酿酒厂到南麻露酒厂、沂源酿酒厂，直到今天的鲁源酒业，历经数代人呕心沥血的艰苦创业。尽管酒厂名字数次变更，但酿酒工艺、工匠精神、酒体品质得到了实实在在的百年传承。

事实上，芝麻香型白酒是酱香型白酒的衍生物，工艺上它们的共同特征是泥底砖（石）窖、高温堆积、高温发酵、高温制曲、高温馏酒、长期储存。不同的是，大曲酱香主体工艺是清蒸清烧、两次投料、七次蒸酒，属于间歇式生产，而芝麻香型白酒则是清蒸清烧、续渣法连续生产。鲁源酒业通过芝麻香与大曲酱香生产工艺与产品风格特点的对比分析，发现芝麻香型白酒在摘酒分级、酒体设计方面与大曲酱香确立的三个典型体一样，芝麻香也基本确立了三个典型体。

技术人员研究后发现，芝麻香型白酒的风格典型与否，取决于正确的工艺路线、酿造环境和工艺条件等因素。“生香靠发酵”是根基，发酵过程没有生成芝麻香型典型的香味物质，则不可能获取芝麻香味酒。“提香靠蒸馏、特点靠分级”，但如果没有把不同特点的单体酒严格分离开来，单独储存巧妙组合，也不可能勾调出风格典型的芝麻香型白酒。

# 馥郁香型白酒

酒鬼饮湘泉，一醉三千年。
醒后再举杯，酒鬼变酒仙。

——《酒鬼酒》 洛夫

## 一、基本特性



### 名称

馥郁香型白酒，属于两小香型之一。

### 代表酒

酒鬼酒。

### 来源及产地

馥郁香型白酒工艺，是对我国白酒传统技术的继承和发展，对推动我国传统酿酒技术的进步具有重要的实践意义。它在秉承湘西传统小曲酒生产工艺的基础上，大胆吸纳中国传统大曲酒生产工艺的精髓，将小曲酒生产工艺和大曲酒生产工艺进行巧妙融合，形成了其独特的生产工艺，并在我国白酒泰斗周恒刚、沈怡方等酿酒专家的指导下，历经漫长的生产实践而形成了一个中国白酒的创新香型——馥郁香型。

馥郁香型白酒原料——小麦

## 二、风味成分

所谓“二者为兼，三者为复”，馥郁香型就是指其兼有浓、清、酱三大白酒基本香型的特征，一口三香，前浓、中清、后酱。色泽透明、诸香馥郁、入口绵甜圆润、醇厚丰满、香味协调、回味净爽悠长。

著名酿酒专家秦含章评价该香型酒有四个“独特”：用料独特，采用上百种中药制成的药曲；工艺独特，小曲糖化、堆积发酵、清蒸清烧；包装独特，采用湘紫砂陶瓷，陶瓷含有30多种对人身体有益的微量元素；风味独特，酒无色透明，芳香馥郁，酒体协调丰满，口味醇和绵甜，后味爽净，回味悠长。馥郁香型白酒具有“闻起来香，喝起来甜，好进口，不上头”的独特风格。

## 三、酿造工艺

馥郁香型白酒以优质高粱、大米、糯米、小麦、玉米为原料，以根霉曲和中高温大曲为糖化发酵剂，采用保护区域范围内的三眼泉水和地下水为酿造、加浆用水，采用多粮整颗粒原料（玉米需粉碎）、粮醅清蒸清烧、根霉曲多粮糖化、大曲续糟发酵、窖泥提质增香、天然洞藏储存、精心组合勾兑等技术生产的蒸馏酒。

（1）原料配比

高粱、大米、糯米、小麦、玉米的配比分别为65：15：10：5：5。玉米要求粉碎度通过20目筛的细粉量为总量的55%～75%。粮醅比冬季为1：2～1：2.5，夏季为1：2.5～1：3。高粱需用温水浸泡18～24小时后，清洗去除杂质、料壳，再用水冲洗3遍。糯米和大米要求充分浸泡2～3小时后，再沥干表面水分；玉米粉用40～60℃温水浸润4～6小时，要求润料充分、均匀、不流水。

（2）清烧取酒

上甑时间要求控制在40~60分钟，馏酒温度在30℃以下，馏酒速度在1~1.5千克/分。稻壳须新鲜，呈金黄色，无霉烂，无变质，在使用前清蒸30分钟以上并摊凉，稻壳用量为18%~24%；根霉曲的糖化力在350单位以上，使用量0.5%~0.6%；大曲糖化力为300~700单位，粉碎度通过20目筛的细粉占70%~75%，曲粮比值为20%~26%。

（3）发酵

入池淀粉为13%~18%，入池水分为58%~62%，入池酸度为1~2。分层起糟，分层蒸馏，截头去尾，量质摘酒，分质并坛。低温15~19℃入窖。发酵周期为45~110天。

（4）勾兑贮存

原酒使用陶坛分质贮存。成品酒勾调采用贮存3年以上的优质原酒为基酒，用贮存5年以上的特殊调味酒进行勾调。勾调加浆用水选取保护水源区域内经反渗透过滤处理的泉水和地下水，硬度要小于10毫克/升。

馥郁香型白酒的酿造过程

## 延伸阅读

### 两岸三地学者与酒鬼酒

1976年，著名画家黄永玉教授为酒鬼酒定了名，还精心设计酒鬼酒的捆口状麻袋型紫砂陶瓶的内外包装，这使酒鬼酒的内在美与外在美得以非常巧妙地统一。酒鬼酒便凭借黄老先生的创意，一飞冲天，威震四海，成为酒鬼酒仙们心中的“无上妙品”。美学家张建永说：“它带来的品牌效应无可计价，是无价之宝，是无字之‘离骚’，无声之‘韶乐’，无形之‘庄周’，无影之‘形意’，特立高蹈，摄魄震魂。”

湖南省考古学家龙京沙说：“提倡文化酒的引领者目标，需要把文化的厚重说清楚，酒鬼酒的文化背景是湘西几千年的酒文化积淀。”著名散文家萧离撰写了《酒鬼进京》，香港玛雅集团董事长、《文学世界》主编犁青先生题诗赞道：“神话名士多，酒鬼最风流。”

# 黄酒类

道人惯吃胡麻饭，来到人间今几年。
白玉楼前空夜月，黄金殿上起春烟。
闲倾一盏中黄酒，闷扫千章内景篇。
昨夜钟离传好语，教吾且作地行仙。

——《胡子嬴庵中偶题》
（宋）白玉蟾

## 一、基本特性

### 名称

黄酒又称老酒、米酒，是当今世界上古老的酒类之一，源于古代中国，且唯中国有之。

### 分类

根据含糖量的高低，黄酒可分为干黄酒、半干黄酒、半甜黄酒、甜黄酒；按原料和酒曲分为糯米黄酒、黍米黄酒、大米黄酒、红曲黄酒。

### 来源及产地

商周时代，中国人已经成功独创了一种传统的酿制酒曲复式发酵

法，开始大量地使用此方法酿制黄酒。我国黄酒产地分布较广、品种很多，著名的黄酒品种主要有山东即墨周庄老酒、江西吉安固江冬酒、无锡惠泉酒、绍兴嵊州花雕酒等。黄酒属于低度酿造酒，在目前世界四大酿造酒（包括白酒、黄酒、葡萄酒和啤酒）中占有重要的一席。





## 二、风味成分

黄酒一般的酒精含量为16%~23%，属于低度酿造的白酒。

黄酒中含有20多种天然氨基酸，其中有8种人体必需氨基酸。必需氨基酸是维持机体正常代谢所必需的而自身又不能直接合成的一种天然氨基酸。其中有一种认为能促进人体肝细胞和脑部生长发育的就是赖氨酸。每毫升黄酒中赖氨酸的含量比啤酒、葡萄酒和传统日式清酒的含量要高出一倍甚至数倍。

绍兴元红酒、加饭酒、善酿酒等黄酒所含的热量，每升分别为4249千焦耳、5024千焦耳、4989千焦耳，是啤酒的3~5倍、葡萄酒的1~10倍。

黄酒是纯粮酿造的，具有低酒度、低消耗、高营养三大特点，在其生产中几乎完全保留了原料经过发酵所产生有益的营养成分，如葡萄糖、糊精、有机酸、氨基酸、酯类和各种维生素等。这些营养素和矿物质不仅含量高，而且易被人体充分消化和吸收。

黄酒的酒液主要呈琥珀色，透明清亮；甘甜醇厚，香气馥郁芬芳，余香悠长。这种馥郁芳香，是一种诱人的复合香，是由酒中的酯类、醇类、醛类、酸类、羰基化合物等多种成分组成，贮藏时间越久越香。黄酒在口味上可概括为“浓、醇、润、爽”，有醇厚甘鲜、味醇爽口、回味无穷的特点。这种口味是由“六味”和谐地融合而成，这六味分别是甜味、酸味、苦味、辛味（辛辣）、鲜味和涩味等。

黄　酒

## 三、食材功能

黄酒在中医方面的治疗用途很广。在我国古代中医的处方中，常用黄酒等原料来进行浸泡、烧煮、蒸炙一些常用的中草药或调制一些药丸和药酒。李时珍在《本草纲目》中记载了69种药酒，这69种常用的药酒均以各种黄酒为原料制成，像开胃健脾、顺气消食的“神仙药丸酒”；温补肾阳、健脾利湿的“仙灵脾肉桂酒”；可用于治疗类风湿性关节痛、四肢麻木、筋痹的“五加皮酒”；主攻历节风、四肢疼痛的“松节酒”等。

《黄帝内经·素问·汤液醪醴论》中明确指出，以黍为主要原料的黄酒“得天地之和，高下之宜，故能至完；伐取得时，故能至坚也”。因此用这种黄酒为原料可以在“邪气来时，服之万全”。医圣张仲景在《金匮要略·杂症篇》中用温和的黄酒做药引的方剂约占三分之一。李时珍在《本草纲目》中明确指出，黄酒还具有“行药势，杀百邪毒气，通血脉、温肠胃”的功效。另外饮用黄酒还可以健脾开胃，因为黄酒内的各种有机酸、维生素等营养物质，都具有健脾开胃的作用和功能。

## 四、酿造工艺

黄酒是以稻米、玉米、小米、小麦等农作物为主要原料，经高温蒸煮、加曲、糖化、发酵、压榨、过滤、煎酒、贮存而酿制成的一种人工酿造酒。

黄酒酿酒工艺是夏制曲、冬酿酒。先在每年7月份开始制作天然酒药，9月份开始制作麦曲，然后在10月中旬左右开始加工生产酒母，进而开始酿造；酒醅只需要经过80天左右的后发酵过程即可，然后进行人工压榨煎酒；天然酒药作为天然糖化生物发酵剂，是采用天然辣蓼草和早籼米粉的混合物进行发酵而成。辣蓼草中含有丰富的天然酵母菌等所需的植物生长素，有利于促进其他菌类生长繁殖。

按照我国传统的黄酒酿酒工艺，大米需要浸泡。大米一般都需要在水中浸泡15天左右，浸泡主要是为了让大米有效地吸水膨胀，使水分和淀粉颗粒之间逐渐地由疏松到紧密结合起来，并使糖化发酵产生一定的酸度，便于大米蒸煮过程中的糊化、糖化发酵，形成黄酒独特的风格。

蒸饭是为了有效地使浸泡好的糯米在蒸煮过程中水分蒸发和淀粉颗粒加热糊化，便于大米糖化和发酵。大米蒸煮后要达到熟而不糊、内无白心、透而不烂、成熟一致。

落缸就是将大米、水、麦曲进行拌和，向缸内接入糖化菌和酵母菌，在缸内进行大米的糖化和发酵。

开耙、前发酵是完成酿酒的一项关键技术，必须由具有丰富经验的中高级酿酒专家和技工亲自把关。开耙就是利用木耙在发酵的酒缸中进行搅拌制成醪液的工艺过程。通过开耙，可以有效调节醪液上下的品温，使醪液的发酵成分均匀一致，从而使半成品发酵正常。前发酵的主要目的是使发酵半成品减少与空气的接触和发酵面积，有利于酵母菌在后发酵时期能够继续在空气中生长和繁殖，提高酒质。

压榨、煎酒是经过长时间后发酵，酒醅已成熟，各项理化指标已达到规定标准后进行的工序，通过压榨使酒醅和槽液分离，通过煎酒可杀灭酒中微生物使黄酒成分基本固定。装坛、包坛口、糊泥头是将黄酒经煮沸煎酒、压榨灭菌后，灌入已经过煮沸杀菌的黄酒坛中，坛口立即用经过装坛和煮沸杀菌的荷叶、箬壳将坛口包上，并用细篾丝将糊泥头扎紧。

黄酒的后期贮藏过程称为黄酒的陈化，指新加工酿制的成品酒在陶坛中进行后期贮存。通过黄酒的陈化处理可以有效地促进酒精中醇与水分子之间、酸分子与水分子的缔合，促进醇与酸的酯化，使得黄酒喝起来香味馥郁、口味甘顺。

## 五、发展历史

（1）自然酿酒

远古时代，农业尚未完全兴起，先祖们过着女采野果男狩猎的悠闲生活。有时先祖们采摘的各种野果根本食用不完，便被贮存了起来，因没有保鲜的方法，野果里含有的自然发酵性的糖分与空气中的各种真菌就会进行自然发酵，生成一种含有浓郁酒香气味的黄色果子。这种自然发酵的现象，使得祖先有了对于发酵酿酒的模糊意识；时日长久，便逐渐积累了以野果为原料酿酒的知识和经验。尽管这种野果酿成的酒尚称不上是黄酒，但为后人研究酿造黄酒的工艺提供了不可多得的启示。

（2）粮食酿酒

大概6000年前的新石器时期，简单的劳动工具足以使得祖先们衣可暖身、食可果腹，而且祖先们还有了粮食剩余。但简陋的生存条件难以实现对粮食的完备储存，剩余的粮食也就只能零散地堆积在潮湿的山洞里或地窖中，时日一久，粮食就会发芽甚至发霉。这些霉变的天然粮食被浸在冰凉的水里，经过天然氧化发酵成酒，这便是天然的粮食酒。饮之，芬芳甘洌。又经历了上千年的摸索，人们逐渐地掌握了酿酒的一些工艺和技术。

（3）曲药酿酒

中国是世界上较早用曲药酿酒的国家。曲药的发现、人工制作、运用大概可以追溯到公元前2000年的夏王朝到公元前200年的秦王朝这1800年的时间。

根据国内外著名考古学家的深入发掘，发现早在殷商武丁时期我国就已经基本掌握了微生物真菌等进化繁殖的基本机理和演化规律，以及使用传统谷物真菌发酵方法制成的谷物曲药，发酵酿造成黄酒。

到了西周，农业的进步和发展为我国古代酿造黄酒的技术提供了完备的原始资料，人们的酿造黄酒工艺，在总结了前人“秫稻必齐，曲药必时”的经验基础上有了进一步的巩固和发展。秦汉时期，曲药酿造黄酒的技术又一次有所提高，《汉书·食货志》有记载：“一酿用粗米二斛，得成酒六斛六斗。”这个配方就是我国历史上现存最早用曲药酿造黄酒的一个配方。

中国人独特的制曲方式、酿造技术被广泛地应用并流传到日本、朝鲜及东南亚一带。制曲药的发明及其广泛应用，是中华民族的骄傲，是中华民族贡献于人类的一项伟大成就，被誉为古代四大发明之外的“第五大发明”。

黄　酒

## 传说故事

### 黄酒的传说

古代中国与高句丽王国是友好邻邦。当时，航海技术发达，两国通过船只来往的人络绎不绝。一次高句丽的公主要乘船来中国旅游，因为她非常喜欢中国。

东海龙王听说公主要航海了，认为这是个千载难逢的求爱机会，于是便自驾一艘高句丽的大船，船上几乎装满了高句丽的美酒，一路上跟踪高句丽公主的船只。可是公主一心向往美丽的中国，不愿意理会那艘跟踪的船。

龙王向高句丽公主真心地表白，可是公主看见东海龙王就是一个满脸胡子的老头，一肚子不高兴。龙王满脸堆笑地对公主说："我十分爱慕公主，愿娶公主为王妃。这所有的美酒就是为结婚准备的。"公主气愤地说："我要到中国旅游去，不跟任何国家的人结婚，这些珍贵的美酒你还是拿走，自己去享用吧！"龙王恼羞成怒，掀起了狂风巨浪，使所有的船都沉没了，美酒也都沉入了浩瀚的大海。说来也有点奇怪，公主被淹死后，尸体一直漂向中国的海岸。不久，海面上突然涌起了一座巨大的高山，掩埋了公主的玉躯。

这座山就是现今的江苏省丹徒区与江苏省句容县新丰镇交界处的高丽山，位置在镇江市西南45千米处。

龙王沉船的那个地方也化成一座坎船山，酒瓮沉积的那个地方的那座山现在叫作酒瓮山。龙王的船被大海倾覆后，美酒通过运河顺流而下来到了江苏省丹阳的曲阿湖，即今丹阳的练湖，因此用曲阿湖水酿成的酒特别醇厚。因为练湖水直通大运河，运河线上的句容县新丰镇也因此成为盛产美酒之地。

# 花雕酒

绿蚁新醅酒，红泥小火炉。
晚来天欲雪，能饮一杯无？

——《问刘十九》
（唐）白居易

## 一、基本特性

**名称**

花雕酒属于黄酒，是中国传统特产酒，又名状元红和女儿红。

**代表酒**

绍兴花雕酒。

**来源及产地**

据文献记载，花雕酒最早起源于6000年前的大汶口文化时期，代表了源远流长的中国传统酿酒文化。在各地的花雕酒中，字号最老的当属浙江绍兴花雕酒。

传统花雕酒选用品质上好的糯米、优质小麦曲，辅以江浙地区明净澄澈的湖水，用传统古法酿制并贮以时日，酿制而成。

花雕酒

## 二、风味成分

据科学家初步鉴定，花雕酒含有对人体有益的多种天然氨基酸、糖类和多种维生素等营养成分，因此被称为“高级液体蛋糕”。根据其贮存的时间不同，花雕酒可以有三年陈、五年陈、八年陈、十年陈，甚至几十年陈等，以陈为贵。

## 三、酿造工艺

花雕酒生产的原料是米，生产中必须加入糖化剂（神曲）及酵母，神曲使米中的淀粉转化为葡萄糖，酵母将葡萄糖发酵成酒。

（1）准备工作

最好选择陶坛或不锈钢桶、搪瓷桶，刷净后再用食用酒精擦一遍进行杀菌；分别准备神曲（又叫药曲）作糖化剂用、干酵母作发酵剂用；备一块纱布，作过滤用，使用前用开水浸烫杀菌。

（2）泡米

将大米（或小米、黄米、小麦、玉米）用水淘洗至没有糠麸为止（如有糠麸，则影响黄酒的口味，并增加米中的杂菌量），然后加水，水量超过米一寸即可。浸泡24～36小时，米浸泡到用手指一捻即碎并无太大硬心即可。

（3）煮饭（或蒸饭）

将泡好的米放入锅中，加入比平时做干饭多一半的水，将米煮熟成稠粥状（若用锅蒸熟则要加入凉开水，加水量为米饭的一半）。

（4）放凉加曲

当煮好的米粥凉到50℃左右时，加入神曲；先将神曲碾碎，边加边搅拌，加入量为米的15%，即500克米加75克神曲。

（5）发酵

加入神曲后，米中的淀粉开始被神曲中的糖化酶糖化变成葡萄糖，所以米粥会愈来愈稀；为使糖化充分，要经常搅拌；待温度降到30℃左右时加入干酵母；干酵母的加入量为米的0.12%，即500克米用0.6克干酵母。

（6）煎酒

把倒出的酒液放入不锈钢锅中，加热到80℃左右，保持30分钟，然后倒入一个干净容器中沉淀和陈酿。沉淀后的酒即可饮用了，饮用时可根据个人口味加糖或姜丝等。剩下的发酵渣液可再加入煮好的粥中，再行发酵用。如渣液有酸味，则说明有杂菌污染，不可再用。家庭自酿的酒因条件所限杀菌不彻底，所以不能长期保存，最好是几天内饮完。

花雕酒

## 延伸阅读

### “女儿红”的来历

著名的绍兴花雕酒又名“女儿酒”。晋代上虞人稽含的《南方草木状》记载：“女儿酒为旧时富家生女、嫁女必备之物。”这个名字，还有一个来历！

从前，绍兴有个裁缝师傅得知妻子怀孕了，兴冲冲地赶回家去，酿了几坛酒，准备得子时款待亲朋好友。不料，他妻子生了个女儿，他气恼万分，就将几坛酒埋在后院桂花树底下了。光阴似箭，女儿长大成人，生得聪明伶俐，居然把裁缝手艺学得非常精通，还习得一手好刺绣，裁缝店的生意也因此越来越旺。裁缝一看，生个女儿还真不错嘛！于是决定把她嫁给自己最得意的徒弟。成亲之日摆酒请客，裁缝师傅忽然想起了十几年前埋在桂花树底下的几坛酒，便挖出来请客，结果一打开酒坛，香气扑鼻，色浓味醇，极为好喝。于是，大家就把这种酒叫为“女儿酒”，又称“女儿红”。

此后，远远近近的人家生了女儿时，就酿酒埋藏，嫁女时掘酒请客，形成了风俗。后来，连生男孩子时，也依照风俗酿酒、埋酒，盼儿子中状元时庆贺饮用，所以，这酒又叫“状元红”。“女儿红”“状元红”都是经过长期储藏的陈年老酒。这酒实在太香太好喝了，因此，人们都把这种酒当礼品来赠送了。

# 加饭酒

欲向江东去，定将谁举杯。
稽山无贺老，却棹酒船回。

——《重忆一首》
（唐）李白

## 一、基本特性

### 名称

加饭酒古称山阴甜酒、越酒，素有“酒中独步”“中华第一味”的美称。

### 代表酒

绍兴加饭酒。

### 来源及产地

加饭酒是以元红酒以及糯米为原料精制而成的。顾名思义，“加饭”就是在酿酒过程中，增加米饭的数量。

加饭酒的产地主要是在浙江绍兴。

## 二、风味成分

加饭酒色泽橙黄清澈，香气芬芳浓郁，滋味鲜甜醇厚，具有越陈越香、久藏不坏的风味特点。加饭酒糖分含量明显高于元红酒。其度数为18度左右，总酸在0.45%以下，糖分在2%，属半天然干酒类。加饭酒含有21种氨基酸、多种蛋白质、糖类和维生素。

## 三、酿造工艺

加饭酒实质上是以元红酒生产工艺为基础，在配料中增加糯米，并进一步提高工艺操作要求酿制而成的。

（1）浸米

浸米的主要目的就是使米粒充分地吸收水分和膨胀，便于高温蒸煮和防止糊化。浸米前，先在一个缸内放适量水，然后在缸中倒入冲洗好的糯米，以水面高度超过米面6～10厘米的高度为宜。浸米的时间根据当地米质、气温而定，一般浸米时间控制在42～48小时，保证米粒完整，用手指轻轻掐米粒成均匀的粉状、无粒心。浸渍后的米粒一定要用清水冲净并沥干。

（2）蒸饭

蒸饭是为了有效地使米粒中的淀粉糊化，便于糖化和发酵。对于蒸饭的品质要求一般是熟而不糊、饭粒松软、内无白心。

（3）淋水

淋水的主要目的是使落缸饭温迅速降低，达到适合的落缸温度，同时能够增加落缸米饭的平均含水量，使位于落缸的饭粒有效地受热软化、分离松散，有利于糖化性细菌繁殖生长，使发酵正常有序进行。

（4）落缸搭窝

落缸搭窝是将米饭和其他酒药充分混合后搭成底孔直径约8厘米的倒置喇叭状凹圆窝，这不仅增加了米饭和酒药与空气的接触和流动面积，还有利于米饭和酒药中常见的好氧性链球菌和糖化葡萄杆菌的生长繁殖，同时也便于检查缸内酒药发酵情况。

加饭酒的酿造

（5）糖化及加曲冲缸

落缸搭窝后，需根据气候和缸内室温变化情况，及时地做好保温工作。由于搭窝时缸内适宜的空气温度、湿度和缸内经糊化的蛋白淀粉作为营养料，因此根霉菌等淀粉糖化菌在米饭上生长繁殖，饭面出现白色菌丝。淀粉在糖化菌体内分泌的酵素和淀粉糖化酶的作用下，分解为葡萄糖，逐渐地积聚起来在酒窝内形成甜液。待甜液充满酒窝的4/5时，加入麦曲和矿泉水（俗称冲缸），并充分地搅拌均匀。

（6）开耙发酵

冲缸后，由于酒精和酵母的大量发酵和繁殖，醪的温度迅速上升，当发酵醪达到一定的发酵温度时，用木耙对其进行酒精搅拌，俗称开耙，使其温度下降接近室温。

（7）后发酵

酒醪在较低的温度下，继续进行缓慢的发酵和氧化作用，生成了更多的酒精，这个过程就是后发酵，简称养醅。后发酵使酵母继续生长繁殖，进一步完善糖化发酵，提高产品风味和品质。后发酵结束后，进行榨酒澄清，并根据原酒理化指标进行勾兑后，杀菌、煎酒并灌坛成成品酒。

加饭酒

## 延伸阅读

### 一坛解遗三军醉

绍兴加饭酒被喻为“神酒”，据说，是因为有个“一坛解遗三军醉”的佳话。

春秋末年，吴越两个大国第一次交战，越国兵败，被迫向吴国求和，俯首称臣。越王勾践为了复国报仇，洗刷奇耻大辱，便忍辱负重、奋发图强。他睡在杂草丛生的荆棘之上，工作累了，生活苦了，就拿出一只苦猪胆舔舔，以激励自己不断地把精力投入复国大业中去。经过十年的励精图治、十年的休养生息、十年的准备和磨炼，越王勾践决定再次发兵攻打吴国。

大军出征前，百姓们扶老携幼纷纷前来送行，群情激昂，纷纷祝愿越王旗开得胜，马到成功。一位名叫王全的中年老汉，是浙江绍兴的一位酿酒名师，带着店里的老伙计抬着一坛陈年的老酒，恭恭敬敬地将此酒献给了越王，说：“大王，此酒名叫加饭酒，是我祖先所造，至今已有三百年历史，是我店‘酒之祖’，今献给我主，以壮行色。祝愿我主出师大吉，早日凯旋！”越王听了勃然大喜，谢过了老者，收下了这坛寄寓子民情谊和心意的陈年老酒。

可是，好酒只有一坛，三军的将士们又怎能同饮呢？越王实在是犯难了。经过一番的思索，越王终于想出一条妙策，吩咐三军将士将这坛好酒全部倒入江中，让三军将士沿江迎流痛饮。君令一下，将士们欢喜雀跃，争先恐后地拥到江边，痛饮三大碗。说来也有点奇怪，喝过这种大量掺水的酒，将士们仍然感觉到了酒的强大力量，觉得自己热血沸腾，豪情满怀。于是，在将士们群情激昂的热烈高呼和呐喊声中，部队浩浩荡荡地直奔吴国。越国的部队兵强马壮，众志成城，以一当十，奋勇杀敌。吴军接到了战报，懒懒散散地派士兵前来迎战，他们轻敌骄狂，自以为是，结果吴军被越军杀得丢盔弃甲，一败涂地。于是越军乘胜追击，势如破竹，攻破了吴城，斩草除根，杀死了吴王夫差，灭了曾经称雄称霸的吴国。

吴越争霸，越国取得了一次历史性的重大胜利，加饭酒功不可没。当时越国的各族人民非常喜爱这种能够激励越国人民顽强斗志的美味加饭酒，于是，绍兴加饭酒逐渐得到发展，成为享誉古今的地方名酒。

# 沉缸酒

阮籍醒时少，陶潜醉日多。
百年何足度，乘兴且长歌。

——《醉后》（唐）王绩

## 一、基本特性

### 名称

沉缸酒为甜型黄酒，因其在酿造过程中，酒醅必须沉浮3次，最后沉于缸底，故得此名。

### 代表酒

福建沉缸酒。

### 来源及产地

沉缸酒于1796年开始生产。沉缸酒原产于中国福建龙岩新罗区，源于浙江上杭古田，具有200多年的酿造历史，是久负盛名的滋补型甜黄酒。沉缸酒是以上等糯米、福建红曲、特制的福建小曲和米烧酒等经长期陈酿而成的一种甜型黄酒。

## 二、风味成分

沉缸酒

沉缸酒是一种甜型黄酒，糖度可达22.5%～25%，酒精含量为14%～16%。沉缸酒中大约含有18种蛋白质和人体新陈代谢所需的氨基酸和多种植物维生素，营养极为丰富，有滋补健身功效，有“斤酒当九鸡”之说。

沉缸酒呈淡红褐色，有着淡淡的琥珀光泽，清亮透明，入口后会有稍黏的苦涩感，其甜味与酒的强烈刺激味、酸度的爽口与曲的苦味巧妙地和谐融合，余味绵长，令人经久回味。

## 三、酿造工艺

沉缸酒工艺独特，异于别种黄酒，制作时采取两次小曲米酒入酒醅的方法，让酒醅三沉三浮，最后沉入缸底。

（1）原料配比

糯米30千克，米白酒25千克，古田红曲1.5千克，药曲0.1千克，散曲0.05千克，厦门白曲0.05千克，水22～25千克。根据气温变化及曲的质量好坏，比例可进行适当的调整。

（2）浸米

将定量的米投入容器，耙平，加水至高出米表面6厘米，用铲子上下翻动，洗去糠秕。注意水面保持在米之上，浸米时间夏秋季一般为10～14小时，冬春季为12～16小时，用手捻即粉碎，吸水率可达33%～36%。

（3）蒸饭

将米捞起放入竹箩，用水冲洗至水清并淋干，将米倒入甑桶内扒平，待蒸汽全部透出米面后，再倒入一箩米，如此数次，最后再盖上麻袋和甑盖，焖蒸30～40分钟。

（4）淋饭

饭蒸熟后抬至淋缸的木架上，用冷水冲淋降温。

（5）落缸搭窝

称好每缸所用各种曲的重量，边下饭边撒曲，然后翻拌均匀，用木棍在缸中央摇出一个V形窝，冬季窝要小些，窝口直径约20厘米；夏季窝要大些，窝口直径约25厘米，将窝表面轻轻抹平，以不使饭粒下塌为度，再用竹扫帚扫去粘在缸壁的饭粒，用湿布擦干缸边。

（6）第一次加酒

经过39～48小时后酒酿已达到窝的4/5，这时进行第一次加米白酒。

加酒时先将称好的红曲倒入另一缸内，加清水洗涤，清除孢子、灰尘和杂质，并立即捞入箩筐内沥干，先把红曲均匀地分放各缸，倒入20%米白酒（每缸约5千克），将红曲及米白酒与酒醅翻拌均匀，擦净缸壁，测定品温，加盖保温。

（7）翻醅

加酒后约24小时（如气温高时约12小时），进行第一次翻醅，翻醅前记录下品温，然后将缸四周醪盖压入酒液，将中间酒醅翻向四周，使中心成一窝形洞，使上中下的醅温差控制在2℃以下。

（8）第二次加酒

落缸后7~8天（夏、秋季5~6天）酒醪温度在28℃以上，酒精含量9%以上，总酸0.5克每100毫升左右时，即可第二次加酒，将剩余的80%白酒（每缸约20千克）全部倒入醅中，搅拌均匀，擦干缸壁，加盖密封，也可灌入酒坛密封。

沉缸酒

（9）养醅（熟成）

加完二次酒后进行养醅，使微弱的糖化发酵作用持续进行，产生芳香成分，消除强烈白酒气味，增加醇香、柔和及协调感。

（10）抽酒

发酵好的酒醅用泵或勺桶送入在另一口已灭菌的空缸上架好的分离筛内，使酒液与糟分离，糟送去压榨。

（11）澄清

将抽出及压榨的酒液都泵入澄清桶内，加酱色，搅拌均匀，静置5～7天，泵入储桶内，灭菌，沉降的酒糟最后进行压榨。

（12）压榨

压出的酒液并入沉淀桶内，将其混合后澄清。

（13）沉淀

将抽出和压出的酒液一起泵入沉淀桶内，根据酒色每50千克酒液加糖色0～70克不等，搅拌均匀，静置5～7天，将上部澄清透明的酒液泵入储酒桶内灭菌。

（14）煎酒（灭菌）

将储酒桶内经沉淀的清酒液泵入管式灭菌器内，开启蒸汽阀门，注意调节酒液流量，使热酒管的温度达86～90℃，灭菌后的新酒装入已洗净并经严格灭菌的酒坛内（新坛需经过养醅后才能使用），每坛盛酒25～30千克，坛口立即盖上瓦盖，以减少挥发损失。待坛内酒温稍冷时，取下瓦盖，加上木盖，密封坛口，并在坛壁标注生产日期、成酒日期、皮重、净重后进库储存。

（15）陈酿

为了提高酒质，使糖、酒、酸成分协调，增加酒的醇厚感，必须经较长时间的储存，沉缸酒一般储存期为3年。

（16）勾兑、包装

为了达到统一的质量标准，必须将每批不同质量的酒进行勾兑。

## 延伸阅读

### 三沉三浮福建沉缸酒

魏晋南北朝混乱时期，一些人从中原地区迁到福建、广东地区。他们从中原带来不少先进的生产技术，这其中就有酿酒技术。酿酒技术不断传承创新，到了300多年前，有人说是200多年前，上杭的客家人迁到福建龙岩小池村这个地方，开始自酿自销沉缸酒。

福建龙岩沉缸酒里面用的药曲是红曲，红曲是米曲。因为红曲的使用，本来洁白的糯米经过一系列发酵到出酒时变成了赏心悦目的红色。沉缸酒的名称来自一种发酵过程中出现的特殊现象——好酒沉缸底。

沉缸酒在酿造过程中有三沉三浮，是沉缸酒独特的酿造工艺。大缸中正在酿造发酵出酒的大米，行内称为酒醅。第一次经过糖化发酵，糯米变成酒液，酒液多了就把米饭托了起来。三天以后下红曲，红曲是低温发酵，第一次的发酵不彻底，这次进行再次发酵，发酵后又浮起来，加染料酒，它又沉下去。当发酵继续进行，米又第三次浮上来。经过三次沉浮历练，酒醅的发酵才算全部完成，然后再经过过滤压榨和煎酒杀菌，把酒液装坛后入库陈放数年，沉缸酒才算酿造成功。

# 善酿酒

得即高歌失即休，多愁多恨亦悠悠。
今朝有酒今朝醉，明日愁来明日愁。

——《自遣》（唐）罗隐

## 一、基本特性

### 名称

善酿酒又名双套酒、重酿酒，是半甜型黄酒的一种。“善”即是良好的品质之意，“酿”即酒母，善酿酒即品质优良之酒。

### 代表酒

越杭善酿酒。

### 来源及产地

善酿酒主要是以密封贮存1~3年的陈元红酒代水酿成的双套酒，即以陈元红酒制酒。善酿酒最早是由沈永和酿坊于1890年在绍兴始创，以绍兴母子酱油的原理和方法进行酿酒，以进一步提高酒的品质并取得成功。

## 二、风味成分

善酿酒酒液呈淡黄色，口味香甜，质地特浓，酒精度为15度左右，

善酿酒

总酸度在0.55%以下，糖分在6%左右，属于半甜酒类。善酿酒含丰富的维生素、氨基酸等多种营养成分，适宜于儿童、妇女和初饮酒者饮用。

## 三、酿造工艺

酿造善酿酒，是将水、元红酒、饭、麦曲和酒母一次性投入前发酵罐中，待发酵至后发酵时，再投入加饭醪液，补充酒度。

（1）浸米

浸米是为了同时使小粒粳米和糯米吸水膨胀、疏松，便于蒸煮，浸米后浆水酸度控制在12～15克/升为佳。

（2）蒸饭

蒸饭是指将米饭加热后再蒸至完全糊化的一个复杂过程，便于饭内糖化酵母菌繁殖、产糖和再生产酒精，要求是饭粒熟而不糊，内无生心。

（3）落缸

先在缸中按配方注入元红酒，然后加入淋水降温后的饭，把饭拌碎后倒上浆水，再投入生麦曲捣匀。落缸温度要求控制在30～31℃。拌匀后，品温会有所下降，要求根据气温条件做好相关的保温工作。

（4）发酵开耙

落缸后20小时内，酵母生长发酵过程中会产生大量酒精并同时释放出热量，使得品温均匀上升至35℃左右，此时便可开始进行二次开耙。

（5）后发酵

善酿酒由于是以元红酒代水落缸，使酵母的生长繁殖受到一定的影响，所以一般挑选阳面保存，以促进酵母的产酒精作用。追加酒醪，压罐后发酵，品温控制在15～16℃。

（6）压榨

一般经过后发酵，酒精度达15%～16%，糖度60～80克/升，就可以进行压榨。善酿酒醪由于糖度高，糟粕也多，故压榨速度较慢。

## 传说故事

### 善酿酒的传说

绍兴的善酿酒，色泽橙黄，异香扑鼻，味道醇香，驰名中外。关于它还有一段传说。

绍兴嵇门山山腰处住着个孤苦伶仃的老婆婆。老婆婆善良热情，对来来往往的人十分和气。一个夏天的傍晚，在她家门前来了一个跛脚的老乞丐，脸色苍白，举步艰难，原来他脚上生有恶疮。老婆婆连忙将老头扶进屋里，烧米汤给他喝，烧热水给他洗脚，打着扇子给他赶苍蝇、蚊子，招待无微不至。

过了三天，老头的病好了，就一声不响地下山了。要是换个人，一定要口出怨言。可老婆婆呢，她不但不埋怨，反而为老头的病愈而高兴呢！

又过三天，那个老头又上山来了，这回真像换了个人似的，只见他鹤发童颜，银须飘拂，目光灼灼，脚儿虽跛，却连个烂疮疤也看不见。老婆婆又很热情地招待了他。

“老婆婆，你治好了我的脚，我没什么东西谢你，只有这两个讨来的糯米粽送给你。”老头说。“算了，算了，我又不图你的回报，你脚上有伤，照顾一下是应该的，我怎么能要你的东西呢，快留着自己吃吧！”说罢，老婆婆端来一碗热茶，硬要老头当面把粽子吃下去。老头吃了粽子，点点头说：“唔，老婆婆，你真善良，能济苦救贫。既然你不肯收粽子，那我就把这点儿东西送给你。”他走到屋边有山泉流过的地方，用手把那两张粘着几粒糯米饭的粽箬贴在岩石上。说也奇怪，那股山泉一落到粽箬底下，霎时就由清变黄，发出扑鼻的香气。老头子微笑着说：“你来尝尝看，喏，它已变成老酒了，今后你就可以靠它养老啦！”

从此，老婆婆就卖起酒来了。那时绍兴的县官叫莫德贵，听闻此事，涎水顿时垂下三尺长，带了十来个随从挑着酒坛来了。一尝，果然如此，高兴得欣喜若狂。县官一面喝酒，一面四下环顾，打着坏主意。他听说过那个传说，知道那两张粽箬的秘密，就想把它揭下来贴到自家后花园！想到这里，他就不管三七二十一，抓了其中一张用力一扯，突然“砰”的一声，那粽箬霎时变成一只大酒缸，把县官扣进缸里。大酒缸越来越硬，没一顿饭工夫，就变成为一块大石头。这块大石头如今仍耸立在那座山头上，称为“酒缸山”了。

从这以后，老婆婆的酒也就少了一半，可是那些地头、恶棍谁也不敢来霸占它了。大家都来喝酒，时间长了，就想给酒取个名字，有人说老婆婆之所以有这段奇遇，全是因为她善良的缘故，于是为这酒取名善良酒，后人读错了字音，就叫成“善酿酒”了。

# 封缸酒

丹阳封缸，万吨佳酿。
国家多奖，鲜味爽香。

——《题丹阳封缸酒》
（现代）秦含章

## 一、基本特性

**名称**

封缸酒别名醅酒，是一种融合中国古代酿酒传统的地方名酒，属于黄酒类的一种现代酒品。

**代表酒**

丹阳封缸酒、九江封缸酒。

**来源及产地**

封缸酒以大米、黍米为生产原料，酒精含量为12%～20%，属于低度酒。据记载，北魏孝文帝与刘藻将军南征前辞别时相约，日后胜利会师以“曲阿之酒”款待百姓，“曲阿”即今丹阳，因此丹阳封缸酒又称“曲阿酒”。





## 二、风味成分

封缸酒不仅含有丰富的维生素，还含有微量元素以及21种氨基酸，其中有8种特殊成分未知，故而封缸酒被誉为“液体蛋糕”及“营养酒王”。封缸酒酒色棕红，带有琥珀光泽，酒气浓郁芬芳，酒味醇厚，鲜甜爽口，度数在16度以上，是黄酒种类中的上品。

## 三、酿造工艺

封缸酒以当地所产优质糯米为原料，用麦曲作糖化发酵剂，配以特制酒药，经低温糖化发酵，在酿造中糖分达到高峰时，兑加50度以上的小曲米酒后，立即严密封闭缸口，养醅一定时间后，抽出60%的酒液，再进行压榨，二者按比例勾配定量灌坛，再严密封口贮存2~3年即成。

（1）捡米

去除米中杂质，保持原料米的纯净。

（2）浸米

将原料米放入水中浸泡一定的时间并淘洗干净。

（3）蒸米

按特定的火候将米放入桶内蒸熟。

（4）冷却

用凉水将煮熟后的米迅速冲淋，使其降温，以防止米粒外表粘连。

（5）下酒药

将特制的酒药碾成粉末撒入米中均匀拌和。

（6）下缸

将拌有酒药的米料倒入缸中压实发酵，并做成酒窝后加盖封缸。

（7）兑酒

经一定发酵期后，将其米酒兑出。

（8）封缸

加入酒引进行二次封缸发酵。

（9）榨酒

将封缸酒成品榨出，灌装饮用。

封缸酒

## 延伸阅读

### 丹阳封缸酒

丹阳城里有一家酿酒的小作坊，一家三口以酿酒为生，有一年他们采用新的酿造法做了一批酒，由于是新酒，入口生，酒味太冲，几家酒贩试完后都摇头而去了，这家人只好将酒放入缸内，用泥封上，继续用老法做酒。

过了几年后，城内缺酒应市，酒贩上门来，这家的老父怕出丑，不肯将酒拿出来，还是这家媳妇聪明机灵，她讲坊内还有一些陈年的酒在缸内，于是大家一起到酒坊，去泥揭盖后，顿时酒香四起，大家试完后都说好酒。大家赶紧问如何做来的，媳妇随口讲“封缸”，丹阳封缸酒也由此而得名。

# 兰陵美酒

兰陵美酒郁金香，玉碗盛来琥珀光。
但使主人能醉客，不知何处是他乡。

——《客中行》（唐）李白

## 一、基本特性

### 名称

兰陵美酒，又名兰陵酒。

### 代表酒

贵宾型醉卧兰陵、三星兰陵陈酿、兰陵陈香、兰陵郁金香、迎宾型醉卧兰陵。

### 来源及产地

兰陵美酒是中国山东省地方名酒，因该酒原产于山东省兰陵县兰陵镇而得名，是一种典型的具有养血益气、健脾补肾、舒筋健脑、益寿强身等保健功能的滋补酒。其酿制的历史最早要上溯到久远的春秋时代，距今已经有2400多年。

兰陵美酒

## 二、风味成分

成品酒呈明亮的琥珀光泽，晶莹明澈；带有多种原料的天然混合而成的香气，浓郁袭人，酒质纯正甘洌；口味醇厚绵软。成品兰陵酒一般在25度左右，含糖量为14%～15%，还含有天冬氨酸、谷氨酸、丙氨酸等17种氨基酸及多种维生素和微量元素，营养丰富。

## 三、酿造工艺

兰陵酒取黍米、大曲为主要原料，以纯净甘洌的古老深井水制糊，放麦曲糖化，然后再添加优质的大曲酒，入瓷缸密封，重酿半年即可启缸。

兰陵美酒的酿造工艺精细，独树一帜，古今工艺少有变化，均由器具的改进和操作规程的科学而进步；需经整米、淘米、煮米、凉饭糖化、下缸加酒、封缸贮存、起酒等步骤制作而成。

制作原料选择严格：黍子以当年新黍为最好，要求颗粒饱满，形状整整齐齐，不霉不烂，无秕无稷，光泽有亮，淀粉含量在63%以上；用曲必须是储存期较长的中温曲，曲香浓郁，糟化力在35%以上。生产50千克兰陵美酒，需要90千克优质白酒、30千克黏黍米、9千克曲、1.5千克大枣，酿造周期至少为210天。

## 传说故事

### 瑶池仙女酿兰陵美酒

传说有一天，王母娘娘视察人间，恰好到了苍山兰陵镇，饮当地美酒，顿觉心旷神怡，心中暗想，这酒真是人间佳酿，天庭美酒恐怕都要比它逊色三分。于是她立即遣瑶池仙女下凡投胎，以学得兰陵美酒的精妙酿法。

瑶池仙女降生到了兰陵镇的张家酒坊，成为张家的第九个女儿，起名为张美九。张美九自幼聪明伶俐，心灵手巧，长大以后，经她酿制的美酒更加醇美。

当时在镇子上有个叫坏三水的无赖，祖上的产业被他挥霍殆尽，他的母亲被气死了。坏三水买了一些郁金香草煎煮之后，便以张家的美酒作药引，灌入已死的母亲口中。然后他直奔县衙，称张家的酒害死了他娘。县令命人验尸，谁料坏三水的娘居然活过来了。原来，这兰陵美酒本身就具有养生滋补的功效，再加上清心散郁的郁金香，坏三水的母亲便起死回生了。坏三水被重打四十大板，轰出堂去。后来，张美九重返天庭酿制美酒。在一年一度的蟠桃大会上，兰陵美酒大醉诸仙。

# 黑糯米酒

宝髻松松挽就，铅华淡淡妆成。
青烟翠雾罩轻盈，飞絮游丝无定。
相见争如不见，有情何似无情。
笙歌散后酒初醒，深院月斜人静。

——《西江月·宝髻松松挽就》
（宋）司马光

## 一、基本特性

**名称**

黑糯米酒，又名红珍珠。

**代表酒**

惠水黑糯米酒。

**来源及产地**

黑糯米酒是贵州布依族用当地的少数民族特产黑糯米为主要原料，用贵州布依族代代相传的古老方法加工酿制而成的低度美酒。1979 年贵州省惠水县一家酒厂在仔细收集整理黑糯米酒古老的传统酿制工艺方法后，结合布依族的现代传统酿酒技术和工艺，反复研制，最终酿制生产出了风格独特的黑糯米酒。黑糯米酒于 1983 年被评为贵州名酒。

黑糯米

## 二、风味成分

黑糯米酒中含有丰富的花色苷、蛋白质、氨基酸、脂肪、糖类、钙、磷、铁、多种维生素等营养成分。

黑糯米酒酒色淡黄，晶莹透明，红亮光泽，香气幽雅温润悦人；酒味清淡微酸爽口，甘美醇厚，酒体和谐。

## 三、酿造工艺

黑糯米酒选材全部选自当地优质的黑糯米，经过独特的布依族酿造方式，产出的黑糯米酒别有一番风味。

（1）浸米

用当地井水浸泡黑糯米，控制米与水体积比为1∶1.1，浸泡时间约1.5小时。

（2）蒸饭

用立式电动蒸饭机进行连续蒸饭，蒸饭机顶部连续进米，底部连续排饭，控制饭机中心排气管道内蒸汽的流动压力和饭机排气管内的夹层管内蒸汽的流动压力，以使饭机蒸出的白饭熟而不烂、疏松不糊、内部无白心、软硬适中为宜。

（3）凉饭

在使用送饭机进行运饭的过程中，用洁净的冷水进行淋饭降温，同时与蒸饭机配合添加适量酒药（一般每100斤米加3两酒药）进行机械翻拌，使药饭充分混合均匀。

（4）发酵

选用薄壁陶缸为制作发酵米饭的设备，采用了传统的人工“搭窝”方法进行操作。搭窝的主要目的是增加发酵米饭和空气的接触面积，有利于米饭的糖化发酵以及细菌的快速生长和繁殖。当发酵米饭品温逐渐升高时，进行第一次的高温发酵和开耙降温，发酵时间为5天。

（5）澄清

用立式不锈钢大罐为澄清米酒的设备，加适量的精馏酒（每5斤米加3两精馏酒），其主要目的之一就是迅速杀死酵母、杂菌，使其蛋白质完全沉淀。米酒澄清7~15天后入地下酒池陈酿2年。

黑糯米酒

## 传说故事

### 原用于祭祀的黑糯米酒

惠水黑糯米，又称紫糯米，栽培历史悠久。据《定番州志》记载，从宋代起即为历代地方官府向皇帝进贡的“贡米”，是御餐中的珍品。当地传说，宋代的一位苗王，名叫黑阳大帝，是他首先发现的黑糯米。其后人为恢复战斗力，将黑糯米与苗方结合制成神秘的苗酒，即黑糯米酒。该酒在苗家已流传千年。人们为了纪念黑阳大帝，每年农历三月初三都要酿苗酒和打黑糯米粑以示祭祀，这个习惯一直流传至今。

清代著名小说《镜花缘》就曾提及“贵州苗酒”。苗家虽把黑糯米酒作为待客的上品，但从未把酿制的方法向外族人传授。1979年贵州省惠水县酒厂在收集整理此酒古老的酿制方法后，结合现代酿酒工艺，反复研制，终于酿制出风格独特的黑糯米酒。

# 酒酿类

闲愁如飞雪，入酒即消融。
好花如故人，一笑杯自空。
——《对酒》（节选）
（宋）陆游

## 一、基本特性

### 名称

酒酿，古称醴，是中国传统的酿造酒。在我国全国各地称呼不同，又叫醪糟、米酒、甜酒、甜米酒、糯米酒、江米酒、酒糟。

### 来源及产地

酒酿酿造历史悠久，源于汉，盛于清。有史记载，见于《大竹县志》："甜酒亦以糯米酿成，和糟食用，故名醪糟，以大竹城北东柳桥所出为最。"故名曰东柳醪糟。

## 二、风味成分

酒酿因酒精浓度低、香甜可口、营养丰富而广泛流传，深受我国人民喜爱。经现代科学检测，酒酿所含的氨基酸种类多达16种，其中人体

酒　酿

必需氨基酸种类很全；还含有多种维生素、糖类、有机酸、蛋白质、酞、无机盐等成分，易为人体消化吸收，营养价值极高。

## 三、食材功能

（1）酒酿对畏寒、血淤、缺奶、风湿性关节炎、腰酸背痛及手足麻木等症有食疗功效，以热饮为宜。

（2）酒酿对神经衰弱、精神恍惚、抑郁健忘等症有食疗功效，加鸡蛋同煮饮汤效果更佳。

（3）酒酿能够帮助血液循环，促进新陈代谢，具有补血养颜、舒筋活络、强身健体和延年益寿的功效。

## 四、酿造工艺

（1）制作原料

糯米、大米、甜酒曲。

（2）制作工序

① 将糯米煮熟，但是要求饭粒比较硬。

② 将糯米饭加水待凉透后放入一个大筲箕，在水龙头上反复冲洗至洗净。

③ 把糯米饭放入容器，每铺一层饭，撒一些酒药，最上面撒酒药和少量温水（或混合酒曲与温水，均匀浇盖在米饭上）。

④ 把糯米饭全部压实，在糯米饭中间两边直接钻圆形小孔，这样可以让糯米的香气完全溢出来。

⑤ 在容器上面盖一个盖子，然后放入烤箱，打开烤箱（34～38℃），几个小时后就可以明显地闻到糯米酒香，24 小时即可饮用。

（3）要点

① 制作酒酿的所有原材料和烧制器具一定要干净。

② 拌酒曲一定要在糯米凉透以后，否则，热糯米就把各种霉菌全部

杀死了。

③ 最好不要用手直接碰糯米饭，建议戴塑料手套或者隔一层保鲜膜。

## 五、食用注意

### 醪糟（酒酿）饮料

（1）热饮：取适量酒酿，加适量开水、白糖搅拌后即可饮用。

（2）冷饮：将热饮放入冰箱冷冻后取出即成冷饮。

（3）果汁酒酿：在上述饮料中加入柠檬汁、橙汁、草莓汁等果汁制成风味别致的果汁酒酿。

### 酒酿汤圆

将适量水煮沸后加入汤圆，待汤圆浮出水面即加入适量酒酿、白糖，煮沸3~5分钟即可食用，可做早点、宵夜。

### 酒酿煮鸡蛋

先将锅中加入的适量热水，然后加入鸡蛋（去壳），再用中大火慢慢煮沸，接着加入适量的酒酿和白糖，再将锅转为中小火继续煮3~5分钟至熟即可捞出食用。

酒　酿

传说故事

## 陕西名小吃桂花醪糟

传说唐代开元年间，临潼城南，有个姓周的老汉开了个小饭店，专卖蒸馍、米汤。虽说每日赚钱不多，但饭店人来客往，生意红火。

这年，唐玄宗李隆基两次梦到太上老君降临骊山朝元阁内，便想为老君塑一尊石像。一天夜里，他梦见一位神仙对他说："上古时，天上有五个星宿陨落。太白金星坠落南山主峰之西，号为太白山；他的精气化作白石，状似美玉，深埋地下，地面上罩着一层紫气……"

第二天，玄宗即派人前去南山主峰西侧查看，果真在南山发现一块晶莹透亮、洁白细腻的白玉。玄宗当即发旨，令使臣召集工人将这块白玉运回华清宫，又传令塑一尊老君肖像。

为了保证能对运回的白玉巨石如期开工，玄宗赐下百石糯米，让沿路各饭店、茶馆为运石民夫做饭做汤，不得怠慢。这天，听说运石人马不日可达临潼境地，周老汉便和老伴忙了一天一夜。到了第二天中午，周老汉把一笼一笼的米都蒸好了，只待运石民夫前来享用。

谁知，日色过午，天气剧变，一会儿下起大雨来。运石的民夫赶不到临潼，这可把周老汉老两口给难住了。他们想，这么多已经蒸好了的米饭，放坏了如何赔偿？天若晴了，运石人马来到这里又该怎么办？最后老两口对着苍天，放声大哭。

哭声惨惨，惊动了一个路经店门的跛子。这跛脚老头道："这事不难。"只见这老头取出一丸核桃大小的白丸，对老两口说："你们不必担心。去，把它研成粉末，拌到米中，久放不坏。"

老两口回去按跛脚老汉的交待把小白丸研成粉末，拌入蒸好的米中，便封盖起来。到了第三天，雨停天晴。第四天，运石人马便赶到临潼境内，周老汉揭开放蒸米的大瓮，一股香喷喷的味道扑鼻而来。周老汉一看米发多了，又有清香酒味；便试着给锅中加了几勺开水，顿时，满锅清水汁黏味甜，大家边食边夸！

使臣连喝两大碗，觉得这东西清香可口，便问这汤叫什么。周老汉听了目瞪口呆，嘴里说不上来。他老伴见使臣又捞了一碗米花，像盛了一碗酒糟，便顺口应承说："这汤名叫醪糟！"临潼醪糟从此得了名。

事后有人说送来白丸的跛子老头，就是八仙中的铁拐李。从此，周老汉专营醪糟的生计，小店顾客盈门，名传四方。

后来玄宗和妃子由侍从带到这家醪糟店里品味解渴，临走时，妃子把从东花园顺手折来的几枝桂花，掉到桌子上面，忘记带走。不知又过了多少天，桂花瓣儿飘落了。有的飘入盛着醪糟的瓦瓮中，满瓮的醪糟散发出了桂花的芳香，从此又有了"桂花醪糟"的美名。

# 药酒类

倾酒向涟漪，乘流欲去时。
寸心同尺璧，投此报冯夷。

——《江行无题一百首（其一）》（节选）
（唐）钱珝

## 一、基本特性





### 名称

药酒，是中药的一种剂型，又称为酒剂。

### 分类

药酒的种类繁多，分类方法也很多，通常有以下几种分类：(1) 按药酒标准分类可分为药准字号药酒和保健酒，保健酒又包括食健字号酒、露酒、食加准字号酒等；(2) 中医一般把药酒分为四类：滋补类药酒、活血化瘀类药酒、抗风湿类药酒、壮阳类药酒。

### 来源及产地

从古代酿酒、饮酒到赏酒、论酒，酒已经渗透到社会乃至人类的各个方面，并逐步发展形成了自身独特的中国传统文化——酒文化。酒与

药　酒

医素有不解之缘，繁体“医”字从“酉”，“酉”者“酒”也。这大概是因为酿酒的先祖们无意中接触到或食用了瓜果发酵后的一种药酒，发现了它可以预防和治疗一些虚寒腹痛之类的疾病，从而成功地让这种酒与中国古代医疗结下了缘。《黄帝内经》记载有《汤液醪醴论》，专门讨论了用药之道。其所谓“汤液”即今之汤煎剂，而“醪醴”即古之药酒也。显然在春秋战国时代，人们对于药酒的重要医疗作用就已有了较为深刻的理解和认识。

## 二、风味成分

酒素有“百药之长”之称。根据现代的研究表明，酒的主要化学成分为乙醇（俗称酒精），乙醇是一种良好的半极性有机溶剂。现代中药的多种主要成分如生物碱、盐类、鞣质、挥发油、有机酸、树脂、糖类及部分植物色素（如叶绿素、叶黄素）等均较易直接溶解于乙醇中。乙醇不仅具有良好的化学穿透性，易于直接进入许多药材的组织细胞中，发挥了溶解药剂的作用，促进其置换、扩散，有利于药剂提高其浸出的速度和增强药剂浸出的效果；还具有防腐杀菌的作用，可有效延缓许多药物的化学水解，增强药剂的化学稳定性。

将酒与各种可以用于治病、健体、强身的中草药“溶”为一体制成中药饮料酒，不仅具有易配制、服用简便、药性稳定、安全有效的四大优点，还能充分发挥中药效力，提高中药疗效。

## 三、食材功能

各种慢性疾病和虚损引起的疾病，常常导致人体存在着不同程度的气血不畅、经脉涩滞，治疗时常需在药膳中佐以一些活血通络之补益药物以增强其疗效。而这些补益的药酒主要配伍的是具有养血益气、健脾补血、滋阴温阳作用的一些滋补药食，故有益于慢性虚损疾病的预防与治疗。

药 酒

药酒不仅广泛应用于各种慢性疾病的防治，还可以有效抗衰老、延年益寿。近代的研究进一步证明，我国古代传统的中药中有许多著名的补益长寿药物，它们都具有抗早衰、延年益寿的作用和功效。我们可以选用这些补益药物组合制成各种补益长寿药酒，经常适量饮服，有抗衰老和延年益寿的良好效果。

药酒具有舒经活血、温通血脉、宣散风邪的药效，可温暖肠胃、祛散体内风寒、振奋人体阳气、消除疲劳。

鹿茸酒和蛤蚧鹿茸酒等可有效治疗患者腰膝酸冷、小腹不温、四肢怕冷、大便秘结溏泻等症；当归酒、熟地酒、龙眼酒、丹参地黄酒、鸡血藤酒、地黄酒和双耳核桃酒等可有效治疗心悸、失眠、面色苍白、头晕目眩、肢体麻木、月经量少、舌淡脉细等症；枸杞地黄酒和双耳核桃酒等可有效治疗患者身体羸弱、视力模糊、虚烦不眠、潮热恶心盗汗、便秘尿赤、口渴、舌红无苔等症；人参酒、参芪酒等可有效治疗患者肢体神疲、少气懒言、面黄肌瘦、饮食摄入量减少、四肢乏力、表虚自汗等症；加味十全大补八珍酒可有效治疗气血两虚，如劳累倦怠、少气乏力、精神萎靡、心悸精神怔忡、头晕目眩、健忘等症。

## 四、酿造工艺

药酒制作方法又分为冷浸法、热浸法、酿酒法等多种制作方法。

（1）冷浸法

将药物适当地切碎或粉碎，置于瓦坛或其他温度适宜的容器中，按照处方加入适量的白酒（或者适量的黄酒），密封浸泡（经常搅拌或振荡）一定的时间后，取上清液，并将取出的药渣放入锅中压榨，压榨液与取出的上清液均匀合并，静置过滤即得。

（2）热浸法

将药物洗净切碎（或捣为粗末），置于清洗好的适宜容器内，按照药物配方加入适量的白酒，封闭容器，隔水加热至沸时将药物取出；继续隔水浸泡至规定的时间，取上清液，并将药渣压出余液后合并，静置、沉淀，过滤干净即得；或在清洗好的容器内同时注入适量的白酒，将浸泡或粉碎适度的药物用纱布袋装好，置于酒中，封闭容器，然后在适宜热水进行浸渍。取液同上法。

（3）酿酒法

将药物或药汁直接加入米谷、高粱、酒曲中蒸煮并发酵成酒。先将各种中药材洗净切碎后再加水用中小火煎熬，过滤出水去渣后，经浓缩制成药汁，也可直接用压榨蒸煮取汁；再将药汁、糯米粉、煮成粥的饭和酒曲一起混合拌匀，置于干净的玻璃容器中，加盖玻璃薄膜分层密封，置保温干燥通风处10天左右，发酵后滤渣即成。

## 五、发展历史

殷商时期，酒的种类除了“酒”“醴”之外，还有“鬯”。鬯酒就是以黑黍为主要酿酒原料，加入郁金香和甘草（也是一种著名的中药）发酵酿成的。这也是有大量文字和史料记载的最早的一种药酒。鬯酒常用于祭祀和占卜，还被认为具有驱恶和防腐的重要作用。《周礼》中有记载：“王崩，大肆，以鬯。”也就是说，在帝王驾崩之后，用这种鬯酒洗浴其尸身，可以较长时间地使尸体保持不腐。

特别值得强调的是古代的药酒大多数都是将药物成分加入其他酿酒原料中一块发酵而成的，而不是像后世常用的浸渍发酵法。其主要的原因可能是远古时代的药酒保藏不易，浸渍发酵法容易导致药酒的酸败。

采用对酒进行煎煮的方法和对酒进行浸渍的方法最晚可认为始于汉代。约在东汉成书的《神农本草经》中有这样的论述：“药性有宜丸者，宜散者，宜水煮者，宜酒渍者。”用酒进行浸渍，一方面可使各种药材中的一些药用化学成分的活性和溶解度提高；另一方面，酒行药势，疗效也同样可以显著提高。

南朝齐梁时期的著名本草集经学家陶弘景，在《本草集经注》中提出了一套采用冷浸法制药酒的方法：“凡渍药酒，皆须细切，生绢袋盛之，乃入酒密封，随寒暑日数，视其浓烈，便可漉出，不必待至酒尽

药　酒

也。滓可曝燥微捣，更渍饮之，亦可散服。”从这段话中我们可以清楚地看出在那时药酒的冷浸法已经初步达到了较高的工艺和技术水平。

热浸法制药酒的最早文献记载大概是北魏《齐民要术》中的一例“胡椒酒”，该法把干姜、胡椒末及石榴汁置入胡椒酒中后，“火暖取温”。尽管其所得还不是一种药酒，但作为一种制药的方法在我国的民间已经广泛流传，故也很有可能广泛地应用于药酒的配制中。

唐宋时期，药酒和风虚补酒的人工酿造较为成熟和盛行。这一时期的一些医学巨著如《备急千金要方》《外台秘要》《太平圣惠方》《圣济总录》等都已经收录了大量关于药酒和风虚杂补酒的配方和制法。其中如《备急千金要方》卷七十一设《酒醴》专节，卷十二设《风虚杂补酒·煎》专节；《千金翼方》卷十六设《诸酒》专节；《外台秘要》卷三十一设《古今诸家酒方》专节。

唐宋时期的各种药酒制备配方中，用药味数量比较多的复方药酒所占的制备配方比重明显得到了提高，这也是当时的一个显著特点。复方的数量增多表明了药酒的制备配方整体技术水平的进一步提高。

元明清的各个时期，随着社会经济、文化的发展和进步，医药学有了新的突破和发展。在这一时期，我国已经逐步积累了大量的医学研究文献，前人的宝贵知识和经验受到了元明清时期历代医家的普遍认可和重视。因而，在元明清的鼎盛时期，出版了不少著作，为继承前人的知识和经验做出了重要贡献。

明代伟大的医学家李时珍写成了举世闻名的中医名著《本草纲目》，共五十二卷。该书集明代及历代医学家对我国的药物学、植物学之研究大成，广泛涉及中药食品学、营养学、化学等多个学科。该书在研究收集中药附方时，收集了大量适用于前人和我国当代人的常用药酒配方。

民国时期，我国社会战乱频繁，药酒的开发研制以及生产经营与其他医药行业一样，长期受到一定因素的影响，进展不大。

中华人民共和国成立以后，政府对中医中药事业的研究发展十分重视，建立了不少中医院、中医药专科院校，并且开办了药厂，发展了中药科学事业，使得药酒的科学技术研制生产工作在国际上呈现出新的发展局面。药酒的酿制，不仅继承了传统制作经验，还充分吸取了许多现代科学技术，使得药酒的生产进一步趋向于国际标准化。

药酒的生产和经营不断发展，不仅逐渐满足了现代我国各族人民和广大群众的各种日常生活饮用需要，并且成功走向了开放的国际药酒市场，博得了许多国际友人的广泛认可。我们始终相信，在不久的将来，那些既具有中华民族文化特色和悠久历史，又充分体现我国现代科学工业技术进步和发展的高水平的中医药酒，必然和我国现代中医中药的研制和应用一样，为人类的健康事业做出新的贡献。

## 延伸阅读

### 苏北国公酒的传说

苏北国公酒，又叫“史国公酒”，是明清时期的宫廷秘方酒。该酒由数十种中药配制而成，气味浓郁芳香，酒味醇厚甘美，而且具有散风祛湿、舒筋活络的功能，常饮有益健康，为中国知名良酒。其中“史”字，取自于明末时期著名的政治家、军事家史可法。

在苏北民间，曾流传着一个关于“史国公酒”的故事。明崇祯十七年冬，清兵攻破燕京，其间福王朱由崧来到南京建立南明王朝。兵部尚书史可法率领大批兵马，开往江北，建起防线，准备抵御南下的清兵。当时史可法亲临前线，坐镇指挥将士抗敌。正值寒冬腊月，史可法率军进驻洋河古镇，天气阴冷，雨雪不断，尤其是夜晚，天气更加恶劣。在这种条件下，史可法与将士们披着铠甲，卧眠于沙场，枕戈待敌。

但由于长时间处在阴冷潮湿的环境中，不久，大家都得了风湿病，觉得浑身筋骨疼痛，行动吃力。史可法心中十分焦急，个人安危是小事，抗御清兵是大事，于是他请来军中名医为大家治病。然而各种灵丹妙药都用了，仍不见有效。

正在他心急如焚之时，有天晚上，帐外出现了一位白发苍苍的老人。老人红光满面，很有礼貌地站在他面前。史可法诧异道：“您是何人？”老人笑盈盈地说：“我是洋河镇上的老中医，虽然医术不高，但听说忠勇爱国的将士们身患风湿，我这里有个方子，可供你祛风治病。”说着便从怀中掏出几味中草药，有当归、羌活、防风、独活、藿香等。

史可法照老人所述，把这些草药与酒曲放在坛子里泡成药酒，让将士们每天服用，果真治好了他们的风湿病。从此，兵将士气大振，连打胜仗。后来，人们为了感谢史可法，便把这种酒称为“史国公酒”。这样一来，“国公酒”就成了江淮一带名酒。

# 人参酒

五谷元精造化深，茅香万里独相寻。
可堪药引酬三品，应胜良医戏五禽。
坤沙酒，白山参，此时同瓮始同心。
与天同寿神仙府，寂寞来时我自斟。

——《鹧鸪天·参酒》 原玉

## 一、基本特性

人参酒是一种以新鲜人参浸泡的中药酒，可补益中气、温通人体血脉、补人体元气、通治诸虚，常用于病后体虚、身倦乏力、食少便溏等症的食疗恢复。

## 二、风味成分

人参中生物活性成分较多，包括各种类型的人参皂苷、糖类、氨基酸、维生素、蛋白质、有机酸、脂溶性成分以及微量元素等，其中人参皂苷为人参中的主要活性成分。

人参酒的功效主要取决于酿酒所用人参的品质，要选择口感好、香气足、苦中带甘醇的人参。现代医学证明人参能兴奋神经系统、降血

人参酒

糖、改善消化吸收和代谢功能、抗过敏、抗疲劳、延缓衰老。

人参酒酒精度数较低，口感醇厚自然，并具有人参特有的香气和滋味，最大限度地保留了人参中的营养成分与功效。



## 三、酿造工艺

选用50克优质人参、500毫升60度的白酒，将新鲜人参洗净、切碎，装入一个圆形细口玻璃瓶内，加入适量白酒，密封细口玻璃杯的瓶口，每日晚餐后振摇一次；半月后即可饮用。

人参酒

## 传说故事

### 人参酒的来历

话说当年吴三桂弃明投清，他帐下一员大将不愿投清，潜入长白山的深山老林中隐姓埋名，吃遍了山上的各种野菜，自称“百草翁”。

有一天，一个背大葫芦、骑小毛驴的老头从山上下来。百草翁看到心里纳闷，于是就迎上去打招呼。老人说：“我记不清自己多大年纪了，反正比你大，你就叫我千大哥吧。”百草翁常年在深山里见不到一个人，见到老人，就像见了亲戚一样。从此，千大哥隔三岔五就来和百老弟喝上一顿。

有一次，千大哥来找百草翁喝酒：“老弟我不能只喝你的酒，今天我也带来一葫芦酒送给你。”二人边唠边喝，不久就趴在炕上呼呼地睡着了。一觉醒来，百草翁发现千大哥不见了，只看见千大哥的衣服在炕上，他把衣服拎起来，发现衣服底下盖了一棵大人参。原来千大哥是个人参精变的！

几天过去了，人参的皮有点抽巴了，他想，怎么也不能把大哥干巴死啊！大哥好喝酒，用酒润润吧。于是他拿来千大哥送的酒葫芦，一比量，两者大小正好，放进去后酒也刚好满满的。他给千大哥做了个牌位，把葫芦供在上面，天天烧香叩头。

过了九九八十一天，百草翁做了个梦，梦见千大哥站在面前说：“谢谢你了，我的好兄弟，你为我祈祷了八十一天，我已经成仙上天了，以后不用供奉我了，你就把泡我的这葫芦酒每天喝上一小杯，就会长寿的。”百草翁遵照千大哥的话，每天喝上一小杯，从此天天满面红光，身强体壮。后来，泡人参酒的秘方传到了民间。

# 竹叶青酒

山窗游玉女，涧户对琼峰。
岩顶翔双凤，潭心倒九龙。
酒中浮竹叶，杯上写芙蓉。
故验家山赏，惟有风入松。

——《游九龙潭》
（唐）武曌

## 一、基本特性

### 名称

竹叶青酒，又称竹叶酒，巴蜀一带还把竹叶酒叫作“竹光酒”，即酒的光泽类似于竹色。

### 来源及产地

竹叶青酒远在古代就享有盛誉，当时是以黄酒加竹叶合酿而成。梁简文帝萧纲有“兰羞荐俎，竹酒澄芳”的优美诗句；北周著名文学家诗人庾信在《春日离合二首》诗中有“三春竹叶酒，一曲昆鸡弦”的一绝佳句。现代的竹叶青酒大多采用的是经过改进的配方。相传，这一改进的配方最早是明末清初著名的医学家、大书法家傅山先生亲自选定并一直流传至今的。傅山先生从小就关心民间疾苦且精通古代医道，他寓良药于民间美酒，使得竹叶青酒成为佳酿。

## 二、风味成分

竹叶青酒，与汾酒属于同一产地，属于汾酒的再制品。以汾酒作为“底酒”，保留了汾酒和竹叶的天然特色，再特别添加砂仁、紫檀、当归、陈皮、公丁香、零香、广木香等十余种名贵中药材，再与冰糖、雪花白糖、蛋清配伍，陈酿而成。该酒具有健脾暖胃、舒肝益肾、开胃健脾、活血化瘀、顺气除湿、补气补血、消食生津等多种保健营养功效。

竹叶青酒色泽金黄透明且微带青碧，有汾酒和药材浸液形成的独特香气，芳香醇厚，入口甜绵微苦、温和，无刺激感，余味无穷。

## 三、酿造工艺

竹叶青酒

竹叶青制作过程主要经过药材浸泡、药液加工、调制和贮存。

药材浸泡：药材用65度以上汾酒于室温下浸渍7~12天，中间搅动数次，过滤后再换新的酒基浸泡药材，浸泡3~5天后过滤，两次滤液合并备用。

调制糖液：将冰糖、白糖及清水加搅细的蛋清混合搅拌，缓缓煮沸溶化，边煮边搅，并捞去浮渣，趁热过滤备用。

调制贮存：将浸泡药材的酒液、糖液和水调配搅匀，放置一周后吸取澄清液。根据风味及稳定情况进行适当的贮存，过滤装瓶。

## 传说故事

### “竹叶青”的得名

传说很早以前，山西酒行每年要举行一次酒会。大小酒坊的老板都把自己作坊里本年酿造的新酒抬一坛到会上，由酒会会长主持，让众人品尝，排出名次来。当时有家酒坊，虽是老作坊，可每逢酒会评比，总是名落孙山。

这一年，又要开酒会了，老板只好吩咐两个小伙计备好一坛新酒抬去应景。老板自己先走一步，让伙计们随后就来。两个伙计抬着一坛酒，走得又热又渴，走到正晌，恰巧来到一片竹林边，一商量，决定喝点酒解渴，一不留神喝去半坛。他们没走多远，只见一丛翠绿翠绿的大青竹旁边，青竹旁边的石头缝里渗出一滴一滴的清水，落在石根底下一个水湾里。这伙计俩像遇到救命泉一样，赶紧把酒坛子放下，又摘了两片竹叶捻成杯，蹲在小水湾边，你一下，我一下，往坛子里加水。结果，这坛酒竟在当年酒会上拔得头筹。

第二天，老板叫他们引路，亲口尝了尝那湾泉水，知道酿出这样的好酒，与这又清又甜的泉水是分不开的。于是，他就买下了那块地皮，将酒坊迁去，在那小水湾上打了一眼井，又从酿造技艺上努力改进，终于酿出了别有色味的好酒，取名叫“竹叶青”。

# 桂花酒

我失骄杨君失柳，杨柳轻飏直上重霄九。
问讯吴刚何所有，吴刚捧出桂花酒。
寂寞嫦娥舒广袖，万里长空且为忠魂舞。
忽报人间曾伏虎，泪飞顿作倾盆雨。

——《蝶恋花·答李淑一》 毛泽东

## 一、基本特性

### 名称

桂花酒打入国际市场后，在日本、法国、德国等国家深受欢迎，特别是赢得了妇女的喜爱。因此，又有“妇女幸福酒”的美名。

### 来源及产地

桂花酒选用秋季盛开的金桂、上等糯米、特制酒曲和优质白酒通过精细的工艺酿制而成，为重庆北碚传统特产名酒。

## 二、风味成分

桂花酒酒度适中，花香浓郁、色泽浅黄，酸甜适口、醇厚柔和，余香长久。





桂花酒

桂花是我国的传统名花，有很好的药用价值。桂花具有健胃化痰、生津散疲平肝的作用，可用于治疗食欲不振、痰多咳嗽、闭经腹痛等症。桂花含有糖类、蛋白质、有机酸、氨基酸、维生素C、黄酮及多种矿物质元素，综合营养价值高。

桂花酒中主要成分为桂花和酒精，并含有大量的芳香化学物质，如γ-紫罗兰癸酸内酯、α-紫罗兰酮、β-紫罗兰酮、反-二甲基芳樟醇内酯氧化物、顺-二甲基芳樟醇内酯氧化物、芳樟醇、壬醛、β-水芹烯、橙花醇、牻牛儿醇、二氢-β-紫罗兰酮等。

## 三、酿造工艺

桂花酒以桂花为原料，经浸泡、蒸馏、调整、陈酿、过滤而成，酒度为15～20度。

（1）泡米

清水入缸，淹没糯米浸泡。

桂　花

（2）蒸米

将米蒸熟，米饭要求熟而不烂、熟透均匀，然后进行淋饭，在米饭落缸同时加入新鲜桂花。

（3）拌曲

撒曲面，搅拌均匀。

（4）装缸搭窝

先置一个木棒于缸中心，将米从四周装入轻轻拍压，后木心转动抽出，口成喇叭状。品温夏天一般在26～28℃，冬天一般在32～35℃，保温培菌糖化。

（5）过酒贮存

经72～96小时酒酿满窝，酒酷浮起，用手捏之压出酒液，酒色澄清（品质不佳呈乳白色），即可加入白酒并翻拌均匀，灌坛密封，进行后发酵陈酿2个月压榨，包装泥封，即为成品。

## 传说故事

### 吴刚助仙酒娘子酿桂花酒

传说古时候两英山下，住着一个卖山葡萄酒的寡妇，她为人豪爽善良，酿出的酒，味醇甘美。人们尊敬她，称她为“仙酒娘子”。一年冬天，天寒地冻。清晨，仙酒娘子刚开大门，忽见门外躺着一个骨瘦如柴的乞丐。酒仙娘子就把他背回家里，先灌热汤，又喂了半杯酒，那汉子慢慢苏醒过来，激动地说：“谢谢娘子救命之恩。我是个瘫痪人，出去不是冻死，也得饿死，你行行好，再收留我几天吧。”仙酒娘子为难了，常言说，“寡妇门前是非多”，可总不能看着他活活冻死、饿死啊！她终于点头答应。

果不出所料，关于仙酒娘子的闲话很快传开，但仙酒娘子忍着痛苦，尽心尽力照顾那汉子。后来，人家都不来买酒，她实在无法维持，那汉子也就不辞而别。仙酒娘子放心不下，到处去找，在山坡遇一白发老人。仙酒娘子正想去帮忙，那老人突然跌倒，嘴唇颤动，微弱地喊着：“水，水……”荒山坡上哪来水呢？仙酒娘子咬破中指，把手指伸到老人嘴边，老人忽然不见了。一阵清风，天上飞来一个黄纸条，上面写着：“月宫赐桂子，奖赏善人家。福高桂树碧，寿高满树花。采花酿桂酒，先送爹和妈。吴刚助善者，降灾奸诈滑。”仙酒娘子这才明白，原来这瘫汉子和白发老人，都是吴刚变的。

这事一传开，远近都来索桂子。善良的人把桂子种下，很快长出桂树，开出桂花，满院香甜，无限荣光；心术不正的人，种下的桂子就是不生根发芽，感到难堪，从此洗心向善。大家都很感激仙酒娘子，是她的善行感动了月宫里管理桂树的吴刚大仙，吴刚大仙才把桂子撒向人间，从此人间才有了桂花与桂花酒。

# 鹿茸酒

药径深红藓，山窗满翠微。
羡君花下醉，蝴蝶梦中飞。
——《题崔逸人山亭》
（唐）钱起

## 一、基本特性

**名称**

鹿茸酒，又称大补酒。

**来源及产地**

鹿茸酒是指一种以东北高粱为原料，以新稻壳为辅料，以新鲜鹿茸为主要配料，泡制而成的保健滋补酒。

## 二、风味成分

现代科学研究证明，鹿茸含有20多种氨基酸、多种激素、超氧化歧化酶（SOD）和多胺类物质，还含有磷脂类、多糖类、多肽、维生素、类胰岛素生长因子、促生长素释放因子以及磷酸钙、硫酸软骨素等许多生物活性因子，还含有多种人体必需的微量元素。鹿茸酒含有

鹿茸酒

鹿茸等有效成分，可以壮元阳、补气血、益精髓、强筋骨；治虚劳羸瘦、精神倦乏、眩晕、耳聋目暗、腰膝酸痛、阳痿滑精、子宫虚冷等症。

鹿茸酒，澄清透明，有别于鹿茸之香气和酒的醇香，酒质柔和，风味独特。鹿茸酒具有鹿茸的所有主要有效成分，常饮鹿茸酒就像长期大量食用新鲜鹿茸一样，并且饮用鹿茸酒的效果大大强于长期食用鹿茸。

## 三、酿造工艺

鹿茸酒是将鹿茸作为主药材并配以人参、枸杞等药材放入专用酒中浸泡而成。其工艺为先按配方称取药材，依次向其中添加药材体积6倍的50度白酒进行浸泡处理；每日需进行两次搅拌操作，持续15天时间；之后再进行过滤处理，最后将酒精含量调节到35度，即可饮用。





鹿茸酒

## 梅花鹿救七仙女

在长白山地区流传着这么一个美丽的传说：很久以前，在关东地区，没有河流、山川，只有动物能够生存。那个时候一到干旱季节就会有很多动物死亡，它们都是活活渴死的。动物死亡的太多，天上的王母娘娘知道后很同情它们，就派七仙女降临凡间去拯救它们。

在七仙女的帮助下，长白山被凿出了天池，天地呈现出了一片清清碧波，碧水顺着云端奔流之下，形成了一条美丽壮观的瀑布，瀑布流成两道白河。白河之水日夜不停地向前奔涌，形成了松花江，江水救活了饥渴难耐的动物。由于开凿天池的工程量太大，任务比较繁重，因此仙女们一个个都累倒了，但是王母娘娘规定完成任务的时间已到，仙女们如果不能按时回到天宫，就算违背天条。

仙女个个萎靡不振、疲惫至极。正在这时，从森林里跑出来了一只梅花鹿，来到仙女面前，它泪眼婆娑，一副悲痛怜惜的模样。猛然间，只见它一头向石坨子撞去，撞断了角。梅花鹿口含茸血让仙女饮用。七仙女得到了鹿茸的滋补，转眼间就变得精神焕发，及时回到了天廷。

# 五加皮酒

领得五加酒，全胜九转丹。
举杯才入口，老态变童颜。

——《谢五加皮酒》
（明）张弼

## 一、基本特性

### 名称

五加皮酒，又称五加皮药酒。

### 来源及产地

五加皮酒为中国古代民间广泛研究配制和流传的一种传统饮用药酒，一般以白酒或食用高粱酒为酒基，加入五加皮、人参、肉桂等多种名贵中药材共同熬煮浸泡制成。

五加皮酒的产地主要分布于中国广州、天津、浙江等地，其中又以广州、天津生产的五加皮酒最有名。

## 二、风味成分

五加皮酒的主要原料是五加皮、青风藤、当归、川芎、海风藤、木瓜、威灵仙、白芷、白术（麸炒）、红花、牛膝、菊花、党参、姜黄、独活、川乌、草乌、玉竹、豆蔻（去壳）、檀香、肉豆蔻、丁香、砂仁、木香、陈皮、肉桂等中药。

原料中，五加皮具有祛风除湿、强健筋骨、补益肝肾、活血通络的

五加皮酒等
中药原料

功效；青风藤具有祛风湿、通经络、利小便的功效；当归具有补血和血、调经止痛、润燥滑肠的功效；川芎具有活血行气、祛风止痛的功效；海风藤具有祛风湿、通经络、理气的功效；木瓜具有清心润肺、健胃益脾的功效；威灵仙具有祛风除湿、通络止痛、消痰、散癖积的功效；白芷具有祛风、燥湿、消肿、止痛的功效；白术（麸炒）具有能缓和燥性，借麸入中、增强健脾、消肿的功效等。可见，五加皮酒具有滋阴补肾、行气活血、祛风祛湿、舒筋活络等食疗功效。

## 三、酿造工艺

五加皮酒是以中药五加皮为主要原料，配以其他中药材，加入白酒，浸泡以后得到的中药养生酒。它保留了中药五加皮中的大部分药用成分。五加皮酒有多种酿造方法。下面介绍其中一种方法的步骤。

（1）将五加皮、党参、陈皮、木香、茯苓、川芎、豆蔻仁、红花、当归、玉竹、白术、栀子、红曲、青皮、肉桂、熟地放入石磨内，用小石臼将其捣碎或碾成粉状，待用。

（2）取干净的玻璃容器，将白砂糖、焦糖一起放入，加适量的盐和沸水，使其充分地溶解；然后将党参等各类原料混合均匀一起放入，搅拌均匀，浸泡4小时后，再将容易脱臭的物料（酒精和少量胡椒粉）一起放入，搅拌至其混合均匀，继续再次加水后再浸泡4小时。

（3）将容器盖紧，放在阴凉处储存1个月，然后启封进行过滤、去渣取酒液，即可饮用。

五加皮酒等混合后的酿酒原料

## 传说故事

### 严东关五加皮酒

说起“郅中和五加皮酒”，历史上流传一段佳话：在很久以前，浙江西部严州府东关镇（在今建德境内）的新安江畔住着一个叫郅中和的青年，他为人忠厚，并有一手祖传造酒手艺。

有一天，东海龙王的五公主来到人间，爱上了淳朴、勤劳的郅中和，后结为夫妻，仍以营酒为生。五公主见当地老百姓多患有风湿病，她建议郅中和酿造一种既能强身又能治病的酒来。经五公主指点，郅中和在酿酒时加入了五加皮、甘松、木瓜、玉竹等名贵中药，并把酿出的酒取名为“郅中和五加皮酒”。

此酒问世后，平民百姓、达官贵人纷至沓来，捧碗品尝，酒香扑鼻，人人赞不绝口，于是生意越做越兴隆。由于该地属严州府东关镇，后又有人称之为“严东关五加皮酒”。

致中和五加皮酒自诞生至今，已有200多年的历史。早年曾获新加坡南洋商品赛会金质奖、巴拿马万国博览会银质奖。中华人民共和国成立后，周恩来总理曾把五加皮酒当作国礼赠送给外国友人，不少国家还把它作为国宴上不可缺少的珍贵饮品。

# 葡萄酒类

葡萄美酒夜光杯，欲饮琵琶马上催。
醉卧沙场君莫笑，古来征战几人回？
——《凉州词二首（其一）》
（唐）王翰

## 一、基本特性

### 名称

葡萄酒是以葡萄为原料酿造的一种果酒。

### 分类

根据原料的品种、酿造工艺、酒体颜色和含糖量不同，葡萄酒产品风格和品类众多。按其酒色不同，分为红葡萄酒、白葡萄酒和桃红葡萄酒；按其含糖量不同，分为干葡萄酒、半干葡萄酒、半甜葡萄酒和甜葡萄酒；按照二氧化碳的压力大小，分平静葡萄酒和起泡葡萄酒；另有鲜葡萄在采摘或者酿造工艺中使用特定方法酿制而成的特种葡萄酒，如香槟、冰酒、贵腐葡萄酒、利口酒等。

葡萄酒

来源及产地

葡萄酒，是用新鲜的葡萄或葡萄汁经完全或部分发酵酿的酒精浓度不低于7.0%的酒精饮品。关于葡萄酒的起源，经考古学家考证，人类在1万年前的新石器时代就开始了葡萄酒酿造。但通常认为，大概在公元前7000年至公元前5000年就有了葡萄种植和葡萄酒酿造。作为西方文明的标志，葡萄酒在人类历史中扮演着非常重要的角色，也是当今世界上重要的商品酒之一。

## 二、风味成分

葡萄酒因来自葡萄，故保留了绝大部分葡萄果实原有的营养成分，如糖类、醇类、有机酸、蛋白质、无机盐、微量元素、果胶及多种维生素等；葡萄在酿制浸渍过程中，形成了葡萄酒的独特风味和营养价值。因葡萄品种和酿制工艺的不同，不同葡萄酒的营养物质含量也有不同。葡萄酒酒精含量为8%～20%。

在葡萄酒中，酯类化合物是果味的主要构成部分；吡嗪类化合物是草本植物味的主要构成部分；萜类化合物是荔枝味、玫瑰花味以及薰衣草味等的主要构成部分；硫醇类化合物是有机硫化物的一种，少量的硫醇类化合物会带来水果的清香，但过量则会如蒜味一样刺鼻，硫醇类物质是葡萄酒中出现泥土味的原因之一；挥发性酸产自葡萄酒的发酵过程，高浓度的挥发性酸会因过于浓烈而令人不悦，但低浓度的挥发性酸却能增加葡萄酒的复杂度，是高品质葡萄酒的特点之一。

## 三、食材功能

（1）葡萄酒是一种碱性酒类饮品，能够降低血液中的不良酸化脂肪和酸性胆固醇含量，同时葡萄酒能刺激胃酸分泌胃液，促进食物的正常消化。

葡　萄

（2）葡萄酒的杀菌作用是因为它含有抑菌、杀菌物质。

（3）白葡萄酒中酒石酸钾、硫酸钾、氧化钾含量较高，具有利尿作用，可防止水肿和维持体内酸碱平衡。

（4）葡萄酒中含有多种维生素和多种抗氧化剂，如酚化物、鞣酸、黄酮类物质、维生素C、维生素E、硒、锌、锰等，能有效地消除体内的氧自由基，所以喝葡萄酒可以抵抗老化和美容保健。

（5）葡萄酒中的天然抗氧化成分和活性葡萄糖及多酚类有机化合物，可有效防止动脉硬化，并能减少体内血小板的大量凝结，有效帮助维持人体内部心脑血管系统的正常生理和免疫机能，具有有效保护人的心脏、防止心脑中风的重要作用。

（6）葡萄酒内含量较高的肌醇，能促进肝脏和其他组织中脂肪的新陈代谢，有效防止脂肪肝，减少血液中胆固醇含量，加强肠的吸收能力。

## 四、发展历史

关于葡萄酒的起源众说纷纭，多数历史学家都认为波斯可能是世界上最早酿造葡萄酒的国家。《史记·大宛列传》记载，西汉建元三年（公元前138年）张骞奉汉武帝之命，出使西域，看到“宛左右以葡萄为酒，富人藏酒万余石，久者数十岁不败”。随后，“汉使取其实来，于是天子始种苜蓿、蒲陶，肥浇地……”可知西汉中期，中原地区的农民已知晓葡萄可以酿酒，并将欧亚种葡萄引进中原了。他们在引进葡萄的同时，还招徕了酿酒艺人，也就是说自西汉始，中国就有了采用西方葡萄酒制法的酿酒艺人。据传，汉武帝很喜欢葡萄酒的美味，但因当时酿造的酒很有限，故而特作珍藏。葡萄酒仅限于贵族饮用，平民百姓是绝无此口福的。

东汉时，葡萄酒仍非常珍贵，据《续汉书》云：“当时扶风孟佗以葡萄酒一斗遗张让，即以为凉州刺史。”用一斗的葡萄酒竟能在凉州换得如此高官，足以充分证明一斗葡萄酒在当时之宝贵。

魏晋三国时期，于阗、且末、龟兹一带，葡萄的种植和葡萄酒的酿造盛行。南北朝时，高昌地区种植葡萄和酿造葡萄酒的农业生产兴盛发





葡萄酒的贮藏

达。《太平御览》中详细记载了当时高昌洿林、无半、八风谷、高宁等地农民种植葡萄、酿造葡萄酒的情景。在敦煌至今还可见到当时有关敦煌葡萄种植和葡萄酒酿造的大量文字资料。三国时，葡萄的种植和葡萄酒的酿造加工技术传播到了河南洛阳，葡萄的人工栽培技术传入西南的益州。

隋唐时期，西域的葡萄、葡萄酒对中原的葡萄文化影响更为广泛，葡萄和葡萄酒的生产迅速地发展。唐朝时期葡萄的种植已广布于中原。

唐朝时中国西部的疆域远超汉代，唐灭高昌国设置西州。《太平御览·唐书》中记载："萄酒西域有之，前代或有贡献，人皆不识。及破高昌，收马乳葡萄实于苑中种之，并得其酒法。"由此可见，马乳葡萄酒是西州的一项重要贡品，也是唐财政收入中特种收入的一种，此时市场上供应的已不仅是马乳葡萄酒，还有一些是用来制作酿造葡萄酒的马乳葡萄浆。

到南宋时期，江南地区已普遍种植葡萄，西南地区也出现了葡萄种植和葡萄酒。

## 五、食用注意

（1）糖尿病和严重溃疡病患者不宜饮用葡萄酒。

（2）葡萄酒中兑入雪碧、可乐或加冰块后饮用会影响葡萄酒的风味口感和营养价值。

## 传说故事

### 葡萄酒由来的传说——重新得宠的妃子

从前有一个古波斯国王，嗜吃葡萄，他将吃不完的葡萄藏在密封的罐子中，并写上“毒药”二字，以防他人偷吃。由于国王日理万机，很快便忘记了此事。国王身边有一位失宠的妃子，感到爱情日渐枯萎，生不如死，便欲寻短见，凑巧看到带有“毒药”二字的罐子。打开后，里面颜色古怪的液体也很像毒药，她便将这发酵的葡萄汁当毒药喝下。结果她没有死，反而有种陶醉的飘飘欲仙之感。多次“服毒”后，她反而容光焕发、面若桃花。有人将此事呈报国王后，国王大为惊奇，他多次尝试后发现果然如此，因此妃子再度受宠，他们找回了失去光泽的爱情，皆大欢喜。葡萄酒也因此产生并广泛流传。

# 红葡萄酒

百年三万六千日，一日须倾三百杯。
遥看汉水鸭头绿，恰似葡萄初酦醅。
此江若变作春酒，垒曲便筑糟丘台。

——《襄阳歌》（节选）

（唐）李白

## 一、基本特性

### 名称

红葡萄酒，简称红酒。

### 代表酒

黑皮诺葡萄酒、西拉葡萄酒、赤霞珠葡萄酒、仙粉黛葡萄酒。

### 来源及产地

红葡萄酒因含糖量不同又可细分为干红葡萄酒、半干红葡萄酒、半甜红葡萄酒和甜红葡萄酒，是目前已知世界上产量最大、普及范围最广的酿造葡萄酒，由于其色泽艳丽喜庆，更是逐渐成为人们生活中喜爱的葡萄酒之一。

渤海湾产地是我国葡萄种植面积最大、品种最优良的产地，红葡萄酒的产量占全国总产量的1/2。

红葡萄酒

## 二、风味成分

红葡萄酒酒精度数一般在12度左右，发酵产生的物质包括乳酸和超过1000种的其他化学物质，发酵副产物主要包括酒石酸、单宁、色素、果胶、芳香物质和一些矿物质。

红葡萄酒中的鞣酸直接来源于葡萄皮，其次是葡萄籽。葡萄肉中也含有鞣酸，另外在陈酿过程中橡木桶中的鞣酸也会进入葡萄酒中。一般红葡萄酒的鞣酸含量比白葡萄酒的高很多，因为绝大部分红葡萄酒都是带皮发酵，很多高档葡萄酒还需要进入橡木桶陈酿，不仅增加了鞣酸含量，还丰富了葡萄酒的香气和口感。

## 三、酿造工艺

红葡萄酒采用皮红或皮肉皆红的葡萄品种压榨、浸皮后带皮混合发酵而成。在发酵过程中，酒液可以充分萃取果皮中的颜色和风味物质，使葡萄酒中的色泽多呈自然深红的宝石红、紫红或石榴红、茶红色甚至红棕色等各种不同程度的颜色，同时带有较为丰富的口感特征。

（1）除梗破碎

葡萄梗的鞣酸含量过高，为了避免葡萄酒中有多余的苦涩味道，将梗从果实上除去；同时使葡萄果粒破裂而释放出果汁，让葡萄汁液能和皮接触，以释放出多酚类的物质。

（2）发酵

葡萄汁和皮一起放入发酵罐中，添加酵母和二氧化硫，浸皮发酵。

（3）榨汁与后发酵

主发酵完成后，立即进行皮渣分离，把酒液满罐存贮，固体部分进行压榨取汁。主发酵生产的葡萄原酒中的酵母菌还将进行酒精发酵，使其残糖进一步降低。这个时候的原酒中残留有苹果酸进行后发酵——苹果酸-乳酸发酵。

（4）后熟陈酿

葡萄酒在贮存过程中仍然会发生一系列的化学反应和物理-化学反应，使葡萄酒逐渐成熟。为了提高稳定性，使酒成熟，可以采用换桶、短暂透气的方法。

（5）澄清和装瓶

葡萄酒的澄清方法分自然澄清和人工澄清两种。自然澄清就是让酒中的悬浮微粒自然沉淀后分离，但是这样仍达不到商业葡萄酒装瓶的要求，必须人为添加蛋白类物质来吸附悬浮微粒，以加速澄清和增加澄清度。澄清后即可装瓶。

酿酒葡萄和红葡萄酒

## 延伸阅读

### 中华红葡萄酒的品牌故事

1910年，法国圣母天主教会沈蕴璞修士于北京阜外马尾沟13号法国圣母天主教墓地，创建用于教会弥撒、祭祀和教徒饮用酒的葡萄酒窖，并聘请法国人里格拉为酿酒师，生产法国风格的红、白葡萄酒，年产量仅为5～6吨。1946年，注册“北京上义洋酒厂”，正式向外出售葡萄酒。新中国成立后收归国有，有职工13人，年产量仅为10余吨。

1959年2月，北京市政府将其更名为“北京葡萄酒厂”，并迁址于燕京八景之玉泉山东南，并注册了“中华”品牌，其主要产品“桂花陈”“莲花白”和“中国红”均为北京葡萄酒厂首创的新产品，而且非常切合当时中国消费水准和消费需求，因此，在市场竞争中处领先地位。“中华红”葡萄酒是北京葡萄酒厂于1981年投产的新品种，1983年荣获国家经济委员会颁发的优秀新产品金龙奖，1984年被评为北京市优质产品。

为了保证每一瓶中华红葡萄酒的质量，经法国葡萄栽培专家实地对土壤、气候进行考查，酒厂引进了十几种世界名种葡萄，选择了距北京150公里、有800多年葡萄栽培历史的河北怀来县建立自己的葡萄园，为酿造纯正的法国风味的葡萄酒提供了最必要的优质原料。

# 白葡萄酒

汉家海内承平久，万国戎王皆稽首。
天马常衔苜蓿花，胡人岁献葡萄酒。
五月荔枝初破颜，朝离象郡夕函关。
雁飞不到桂阳岭，马走先过林邑山。
甘泉御果垂仙阁，日暮无人香自落。
远物皆重近皆轻，鸡虽有德不如鹤。

——《杂感》（唐）鲍防

## 一、基本特性

### 名称

白葡萄酒，可细分为干白葡萄酒、半干白葡萄酒、半甜白葡萄酒和甜白葡萄酒。

### 代表酒

霞多丽葡萄酒、长相思葡萄酒、雷司令葡萄酒。

### 来源及产地

我国最早于1979年将霞多丽葡萄由法国引入河北沙城，此后又多次从法国、美国、澳大利亚引入。宁夏、河北、山东、河南、陕西和新疆等地均有栽培。我国青岛、沙城均以霞多丽为酿造高档干白葡萄酒的原料。

白葡萄酒的配制

白葡萄酒





## 二、风味成分

白葡萄酒色淡黄或金黄，澄清透明，具有浓郁的果香，口感清爽。霞多丽、琼瑶浆和雷司令等葡萄酿制白葡萄酒的颜色，会随着酒窖储存时间的延长而加深。

白葡萄酒酒精的含量一般为8%～16%。白葡萄酒中含有多种维生素，营养丰富，具有舒筋、活血、养颜、润肺之功效。

## 三、酿造工艺

白葡萄酒多用霞多丽、雷司令等白葡萄或带有红皮或黑皮白肉的葡萄去皮榨汁后经过发酵酿制而成，其酿造过程与红葡萄酒相似。

## 延伸阅读

### 中国第一瓶干白葡萄酒的诞生

1972年美国总统尼克松访华，他的一句笑谈“中国缺少时尚的女性和美酒”，使中央把酿造具有国际标准的葡萄酒作为一项重要的政治任务提到了国家建设的议事日程上。

1976年，轻工业部将“干白葡萄酒新工艺的研究”列为轻工业重点科研项目，由郭其昌担任负责人，负责该科研工作，并在当年的沙城酒厂成立了研制干白葡萄酒的科研小组。

科研人员在郭其昌老先生的带领下，对设立的18个课题进行逐个研究和实验，借鉴国外的一些数据以及和国外葡萄酒口感的对比，进行中国第一瓶干白葡萄酒的研制。1979年，国内第一支干白葡萄酒在沙城诞生，并获得了国家质量金奖，标志着白葡萄酒进入工业化时代；1983年在英国伦敦第十四届国际评酒会上获得银质奖，这是新中国成立后我国的酒类产品首次在国外获奖。其正式产品于1984年3月在西班牙马德里国际评酒会上获金质奖；1984年9月再次获得国家金奖。

# 桃红葡萄酒

竹叶连糟翠，蒲萄带曲红。
相逢不令尽，别后为谁空。

——《题酒店壁》（节选）
（唐）王绩

## 一、基本特性

### 名称

桃红葡萄酒，又名粉红葡萄酒、玫瑰红酒。

### 代表酒

极品玫瑰红、田普兰玫瑰红。

### 来源及产地

桃红葡萄酒酿造历史悠久，公元前600年，腓尼基人将葡萄园的概念引入法国后，桃红葡萄酒开始盛行。17世纪、18世纪桃红葡萄酒成为欧洲帝王最欣赏的美酒。桃红葡萄酒在世界各地都有生产，产量最大而且最有名的是法国南部的普罗旺斯地区生产的葡萄酒。

桃红葡萄酒

## 二、风味成分

桃红葡萄酒口味清爽、色泽亮丽，仅仅从它给人们带来的视觉感官上就已经完全能够表现出一种时尚、亲切的生活感觉和文化气息。桃红葡萄酒作为一种酒精饮料，除了含有醇类、糖、蛋白质和丰富的矿物质元素，还包含一些抗氧化物质。这些营养物质对于葡萄酒饮用者来说是非常有益处的。抗氧化物质能缓解人体内的自由基损伤，还能提升优质胆固醇的含量；桃红葡萄酒中含有的营养成分白藜芦醇，对心脏健康非常有益。

## 三、酿造工艺

桃红葡萄酒的酿造方法，可以分为以下几种：

（1）短暂浸渍法

目前最受欢迎的桃红葡萄酒酿造方法便是短暂浸渍法。将葡萄皮与葡萄汁短暂接触是葡萄汁萃取色素的重要方式，而接触时间的长短则取决于所期望的桃红葡萄酒风格。桃红葡萄酒的浸皮时间一般为6~48小时，浸渍时间越长，桃红葡萄酒的颜色越深，风味也越浓郁。

（2）直接压榨法

法国普罗旺斯和朗格多克–露喜龙产区多采用传统的直接压榨法。直接压榨法与短暂浸渍法非常相似，直接压榨法允许葡萄皮与葡萄汁接触极短的一段时间，然后在葡萄汁还没有萃取到足够的鞣酸和色素时将其压榨，与白葡萄酒的酿造方法类似。在所有酿造方法中，使用直接压榨法酿造出来的桃红葡萄酒的颜色是最淡的，并且散发着更加精致的芳香，带有草莓和樱桃的风味。

（3）放血法

放血法是指在进行桃红葡萄酒酿造时，经冷浸渍处理后会将一部分

桃红葡萄酒

葡萄汁液排出，剩余的葡萄汁则继续与葡萄皮接触。这种做法可以使酿造出来的红葡萄酒风味更加醇厚，而排出的那部分汁液最终会成为桃红葡萄酒。

## 传说故事

### 葡萄酒折射的人性

有一个国王，想增加酒的浓度，于是向全国发出告示，谁能满足这个心愿，便奖励他够用一辈子的财产。

有个叫麦力吾尼的人闻讯后，想试一试，就跑到王宫向国王请求用三个月的时间进行准备。国王同意给他酿酒所需物品，并要求必须在期限内完成，否则将他送上断头台！麦力吾尼立刻回家投入工作。但是，两个月的时间过去了，仍一无所获。他心里想："我要死了。"在死亡的恐惧下，他天天不吃饭，哭个不停。有一天，一个打扮成商人模样的男人来到他眼前，这个人有着绿眼睛、扁鼻子、肉脸蛋、矮个子，大约五十岁，不长胡子。他问道："喂，麦力吾尼，你为什么在哭?"麦力吾尼便将原因告诉了这个男人。

"别哭了，这很容易，你到国王那里要一只老虎、一只狐狸、一只红公鸡，然后，将它们杀死，用血与葡萄水搅拌发酵。这样，你就会取得成功。"说完，这个人转眼就消失了，原来他就是世间万恶之神撒旦。

麦力吾尼按撒旦的指示酿酒，然后自己先品尝，饮后产生了一种令人难以想象的美妙感觉。他准备了一桶酒到王宫献给国王。国王请各位官员到王宫做客。宴会上，大家饮用了麦力吾尼新酿的酒，不久，就表现出千姿百态。有的人喝酒后胆大妄为，向人寻衅复仇；有的人变得狡猾多谋；有的人喝完酒后变得风流放肆。

原来，胆小鬼变成勇敢者，是因为酒中有老虎血；有的人饮酒后变得狡猾多谋，是因为酒中有狐狸血；有的人饮酒后风流倜傥，是因为酒中有红公鸡血。

# 啤酒类

烟笼寒水月笼沙，夜泊秦淮近酒家。
商女不知亡国恨，隔江犹唱后庭花。

——《泊秦淮》（唐）杜牧

## 一、基本特性

### 名称

啤酒，又称麦酒。因该词在罗马语、英语、德语、法语等发音中第一音节均为“啤”，故得名。

### 分类

按生产工艺的不同，用上面酵母在较高温度下用较短时间发酵而成的，称上面发酵啤酒；用下面酵母在较低温度下用较长时间发酵而成的，称下面发酵啤酒；凡经过装瓶（或灌装）后杀菌的，称“熟啤酒”或“贮藏啤酒”，保存期可达360天以上；凡不经过杀菌的，称“生啤酒”或“鲜啤酒”，一般酒龄短、稳定性差，保存期5~7天，但口味鲜美。

### 来源及产地

啤酒是以大麦芽及啤酒花为主要原料，经酵母发酵而成的一种含大量二氧化碳的低酒度营养饮料。约在5000年前，在幼发拉底河和底格里斯河流域，已有相当规模的生产。啤酒是人类最古老的酒精饮料，是水和茶之后世界上消耗量排名第三的饮料。

## 二、风味成分

啤酒为浅黄色或咖啡色、透明清亮液体，有爽口的甘苦味，酒精含量为2%~7.5%；啤酒营养价值高，含有水分、碳水化合物、蛋白质、二氧化碳、维生素及钙、磷等物质。

## 三、食材功能

啤酒，特别是黑啤酒，可使动脉硬化和白内障的发病率降低。适量饮用啤酒，可以减少年老后得骨质疏松症的概率；骨质的密度和硅的摄取量有密切关系，而啤酒中因为含有大量的硅，适量饮用有助于保持人体骨骼强健。

适量饮用啤酒有消暑解热、帮助消化、开胃健脾、增进食欲等功能。

## 四、发展历史

啤酒的起源与谷物的起源密切相关，人类使用谷物制造酒类饮料已有8000多年的历史。已知最古老的酒类文献，是公元前6000年左右巴比伦人用黏土板雕刻的献祭用啤酒制作法。公元前4000年，美索不达米亚地区已有用大麦、小麦、蜂蜜制作的16种啤酒。公元前18世纪，在古巴比伦国王汉谟拉比颁布的法典中，已有关于啤酒的详细记载。

公元前1300年左右，埃及的啤酒生产作为国家管理下的优秀产业得到高度发展。拿破仑的埃及远征军在埃及发现的罗塞塔石碑上的象形文字表明，在公元前196年左右当地已盛行啤酒宴。啤酒的酿造技术是由埃及通过希腊传到西欧的。1881年，汉森发明了酵母纯粹培养法，使啤酒酿造科学得到飞跃的进步。1874年林德冷冻机的发明，使啤酒的工业化大生产成为现实，全世界啤酒年产量从此居各种酒类之首。

19世纪末，啤酒传入中国。当时中国的啤酒业发展缓慢，生产分布不广，产量不大。1949年后，中国啤酒工业发展较快，并逐步摆脱了原料依赖进口的落后状态。1979年产量达到510千升，1986年产量达到4000千升。中国的啤酒于1954年开始进入国际市场，当时出口仅0.3千升，到1980年已猛增到26千升。

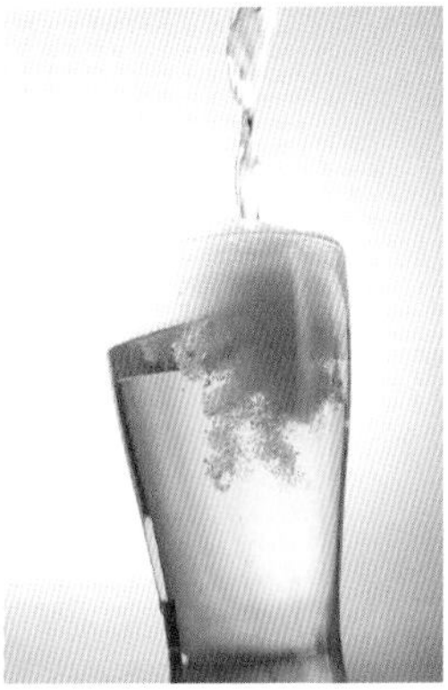

啤　酒

## 五、食用注意

（1）大量饮用啤酒，易使胃黏膜受损，造成胃炎和消化性溃疡，出现上腹不适、食欲不振、腹胀和反酸等症状。

（2）过量饮啤酒会破坏细胞功能，发生乙醇中毒，而且酒精会直接损伤肝细胞。

（3）心脑血管疾病患者和孕妇不宜喝啤酒。

（4）酒精过敏者慎喝啤酒。

（5）未成年人、老年人、体弱者和一些虚寒病人不宜饮用啤酒。

## 延伸阅读

### 啤酒引发的“洪水”

啤酒自工业革命开始便在英国大受欢迎，因为受欢迎，销量越来越大，装酒的木桶也越做越大。有一家酒厂制造的最大酒桶，最多可以容纳600吨啤酒。

结果有一天，这家酒厂存放的大木桶终于因为承受不住酒液的压力被炸开了，并引发了连锁反应——厂内存酒的酒桶全数一起炸开，超过100万升的啤酒“洪水”倾泻而出，还淹死了7人。人们用了几个星期才把所有啤酒抽去，而啤酒的气味更是用了几个月才完全散去。这是有记载以来的由啤酒引发的最大灾难。

# 纯生啤酒

闻说崇安市，家家曲米春。
楼头邀上客，花底觅南邻。
讵有当垆子，应无折券人。
劝君浑莫问，一酌便还醇。

——《次秀野杂诗韵·酒市二首（其一）》
（宋）朱熹

## 一、基本特性

### 名称

纯生啤酒是英文Draft Beer的中文翻译，直译过来是“生啤酒”，也就是没有经过巴氏杀菌的啤酒。

### 代表酒

青岛畅岛啤酒、北京燕京啤酒、陕西汉斯啤酒、广东珠江啤酒、四川雪花啤酒。

### 来源及产地

纯生啤酒，指不经过高温杀菌而保质期同样能达到熟啤酒标准的一类啤酒，主要产地包括青岛、山东等地。

## 二、风味成分

纯生啤酒（图片素材由安徽华艺生物装备技术有限公司陶安军董事长提供）

纯生啤酒与普通啤酒的区别是风味稳定性好（随着储存期的延长，风味变化不大）、口感好、营养丰富，可以说纯生啤酒好比新鲜水果，而熟啤酒是水果罐头，喝生啤酒就像吃新鲜水果一样，享受到原汁原味的新鲜口味。

因为纯生啤酒不经过热杀菌，极大地避免了啤酒口感的风味物质进一步氧化，减少醛类、醇类、酯类、双乙酰等羰基化合物和硫化物质的产生，从而使纯生啤酒口感更新鲜，避免成品啤酒产生过多的老化味。

纯生啤酒生产过程中采用的是纯净工艺法，即无菌酿造法和无氧酿造法，在整个酿造包装系统中不得有杂菌污染和氧的侵入，从而避免产生一些不利于啤酒口味的不良代谢产物，因而纯生啤酒口感更加纯正、无异味。

纯生啤酒中含有丰富的氨基酸、碳水化合物、无机盐类、多种维生素及多种活性酶类，因而被俗称为“液体面包”，是世界公认的营养饮品。由于不经过高温热杀菌，从而保留了更多的营养成分，特别是多种维生素和多种酶类。纯生啤酒含有可检测的活性蔗糖转化酶，而经巴氏杀菌的熟啤酒不含有活性转化酶。因此纯生啤酒营养价值更高，更利于人体消化吸收这些营养物质。



## 三、酿造工艺

纯生啤酒的生产是建立在整个酿造、过滤、包装全过程对污染微生物严格控制的基础上，它不经巴氏灭菌或瞬时高温灭菌，而采用物理方法除菌，达到一定生物稳定性。

（1）原料粉碎

将麦芽、大米分别由粉碎机粉碎至适合糖化操作的粉碎度。

（2）糖化

将粉碎的麦芽和淀粉质辅料用温水分别在糊化锅、糖化锅中混合，调节温度。糖化锅先维持在适合蛋白质分解作用的温度（45~52℃），再将糊化锅中完全液化的醪液兑入糖化锅后，维持在适合糖化作用的温度（62~70℃），以制造麦醪。根据啤酒的性质、使用的原料和设备等决定用过滤槽或过滤机，滤出麦汁，在煮沸锅中煮沸，添加酒花，调整成适当的麦汁浓度后，进入回旋沉淀槽中分离出热凝固物，将澄清的麦汁放入冷却器中冷却到5~8℃。

（3）前发酵

冷却后的麦汁添加酵母后送入发酵池或圆柱锥底发酵罐中进行发酵，用蛇管或夹套冷却并控制温度。进行下面发酵时，最高温度控制在8～13℃，发酵过程分为起泡期、高泡期、低泡期，一般发酵5～10日。前发酵成的啤酒称为嫩啤酒，苦味强、口味粗糙、二氧化碳含量低，不宜饮用。

（4）后发酵

为了使嫩啤酒后熟，将其送入贮酒罐中或继续在圆柱锥底发酵罐中冷却至0℃左右，调节罐内压力，使二氧化碳溶入啤酒中。贮酒期需1～2月，在此期间残存的酵母、冷凝固物等逐渐沉淀，啤酒逐渐澄清，二氧化碳在酒内饱和，口味醇和，适于饮用。

（5）过滤

为了使啤酒澄清透明成为商品，啤酒在−1℃下进行澄清过滤。对过滤的要求：过滤要采用无菌过滤膜来过滤，因其过滤能力大、质量好，酒和二氧化碳的损失少，不影响酒的风味。

（6）无菌灌装

灌装间应达到30万级的洁净要求，洁净室的设计、建造以及卫生消毒可以参考医药行业的GMP标准。纯生啤酒用啤酒瓶应采用卫生条件好的新瓶（如薄膜包装的托板瓶）；采用适合纯生啤酒使用的无菌瓶盖，瓶盖贮藏斗应安装紫外灯用于消毒。

纯生啤酒生产车间
（图片素材由安徽华艺生物装备技术有限公司陶安军董事长提供）

## 传说故事

### 让人死而复生的啤酒

戈比达是凯尔特神话里面一位德高望重的神和手艺高超的金匠，他的威尔士名字“瓦农”也很出名。他不但打造了爱尔兰最值钱、最耐用的武器，而且他酿造啤酒的工艺和技巧无人不知、无人不晓。传说他酿造啤酒用的水果摘自凯尔特神域冥界里的果树，喝了啤酒的人在战争中会毫发无损。甚至那些患病的人都能从戈比达酿造的啤酒中得到好处，因为它能治百病。如果人们觉得值得去做的话，在战斗中死亡的士兵也可以放进戈比达的大锅里而死而复生。但是，他酿造啤酒主要是为了将永生和无敌献给凯尔特众神。在玛纳诺（大海之神）的年度庆典上，它酿造的啤酒一定会被供上，所有喝了这让人头晕的灵丹妙药的人都会长生不老。

# 干啤酒

黯乡魂，追旅思，
夜夜除非，好梦留人睡。
明月楼高休独倚，
酒入愁肠，化作相思泪。

——《苏幕遮·怀旧》（节选）（北宋）范仲淹

## 一、基本特性

### 名称

干啤酒，又称为低热值啤酒、低糖啤酒，属于不甜、在口中不留余味的啤酒，实际上是高发酵度、口味清爽的新品种啤酒。

### 代表酒

哈尔滨干啤、华润雪花干啤以及青岛干啤。

### 来源及产地

干啤酒源于葡萄酒，普通啤酒有一定糖分残留，干啤酒使用特殊酵母使糖继续发酵，把糖度降到一定数值之下，适宜发胖的人饮用。20世纪80年代末由日本朝日公司率先推出，该啤酒的发酵度高、残糖低、二氧化碳含量高、口味干爽、杀口力强，属于低热量啤酒。干啤酒投入市场后在日本很受欢迎，后来又在欧美兴起，成为当今世界上风行的啤酒新品种。我国近几年来也有不少啤酒厂研究、试制并投入生产，受到各地消费者青睐，尤其是在南方沿海城市。

干啤酒

（图片素材由安徽华艺生物装备技术有限公司陶安军董事长提供）

## 二、风味成分

干啤酒由于原麦汁浓度只有8～10度，热值比较低，只有80卡左右；含有不发酵的糖2.0～2.5克，比普通啤酒低1克左右，发酵度为70%～82%，比普通啤酒高5%～10%。干啤酒色度比较低，苦味也较低，属纯淡爽型啤酒，酒精含量3%～4%，二氧化碳含量0.45%～0.55%，所以泡沫比较丰富，杀口力强，饮后不留有余味。

## 三、酿造工艺

干啤酒生产原料要求与啤酒类似，如麦芽要求色淡，发芽率高，溶解度高，糖化时间短，糖化力强，库尔巴哈值在42%以上。

使用酶制剂酿制干啤酒是简单易行的方法。因为酵母会直接影响啤酒的风味，改变酵母菌种应持谨慎态度，调整糖化工艺的方法对提高麦汁中可发酵性糖的含量是有限的。相比之下，使用酶制剂，效果比较显著。

干啤酒

酿制干啤酒使用糖化酶可将淀粉中的α-1，6糖苷键变成葡萄糖和极限糊精。近来有使用普鲁兰酶的尝试，它只分解支链淀粉α-1，6键的糖苷酶，使支链淀粉变为直链，才能大幅度提高可发酵性糖。普鲁兰酶纯化只需要80巴氏灭菌单位，虽然啤酒中含有少量的活性残酶，但不再转化为低分子糖，也不会导致啤酒后期变甜。

## 延伸阅读

### 啤酒和法律

1516年，时任巴伐利亚公爵的威廉四世颁布了一部关于啤酒的法律——《啤酒纯净法》。该法律规定，啤酒的酿造仅能以麦芽、啤酒花以及水为原料，不得添加其他香料。在13世纪的德国，还没有德国这个国家，而是罗马帝国，那时各大城邦中的啤酒酿造作坊已经发展得很成熟了，而这其中又以北部的汉堡、科隆等城市的发展最为迅速。南部地区如巴伐利亚，由于气候因素，啤酒的产量以及质量都不能得到保证，所以在市场上充斥着一些品质差的啤酒。因此巴伐利亚地区领主为了维持啤酒的品质稳定，设置了检查人制度。这可能是历史上第一批食品卫生监督员吧，他们作为检查人，在行将检查的前日，不得饮用啤酒，也禁止食用腌制的鱼或奶酪、糖果、糕点等可能影响味觉的食物。

在这样的状况下，与啤酒相关的法令也开始出现。罗马帝国南部的纽伦堡在1300年左右，制定了啤酒不得以大麦以外的谷物酿造的规范；1487年慕尼黑的啤酒酿造业则达成了啤酒的原料必须是大麦、啤酒花、水的共识，此规范日后扩展至巴伐利亚地区全境，并成为1516年《啤酒纯净法》的雏形。从某种意义上来说，这部法令成为世界上第一部关于食品规范的法律。

《啤酒纯净法》在当时除了有维持啤酒品质稳定的目的外，还有其政治背景。限定啤酒原料不使用小麦而为大麦的主要原因在于确保主食面包原料的稳定供应。明确区分面包与啤酒原料是最好的做法，但是也由于《啤酒纯净法》的颁布，使得利用小麦酿造的啤酒完全消失，小麦酿造的啤酒只有在国王特别许可的酿造作坊内才能酿造。

# 黑啤酒

塞下秋来风景异，衡阳雁去无留意。
四面边声连角起，千嶂里，长烟落日孤城闭。
浊酒一杯家万里，燕然未勒归无计。
羌管悠悠霜满地，人不寐，将军白发征夫泪。

——《渔家傲·秋思》（宋）范仲淹

## 一、基本特性

### 名称

黑啤酒，又叫浓色啤酒。

### 代表酒

海德堡黑啤酒、皇家啤酒、维登堡修道院纯生黑啤酒、埃尔巴赫黑啤酒及麦城黑啤酒。

### 来源及产地

该种酒主要选用焦麦芽、黑麦芽为原料，酒花的用量较少，采用长时间的浓糖化工艺而酿成。

## 二、风味成分

黑啤酒酒液一般为咖啡色或黑褐色，原麦芽汁浓度为12~20度，酒精含量在3.5%以上；其酒液突出麦芽香味和麦芽焦香味，口味比较醇

黑啤酒

（图片素材由安徽华艺生物装备技术有限公司陶安军董事长提供）

厚，略带甜味，酒花的苦味不明显。

黑啤酒的营养成分相当丰富，除含有一定量的低分子糖和氨基酸外，还含有维生素C、维生素H、维生素G等，其氨基酸含量比其他啤酒要高3~4倍，而且热量很高。每100毫升黑啤的热量大约100千卡。因此，人们称它是饮料佳品，享有“黑牛奶”的美誉。

## 三、酿造工艺

生产黑啤酒的传统工艺，一般是采用一定比例的焦香麦芽、黑麦芽，与浅色麦芽一起，采用二次或三次煮出糖化法进行糖化，制出达到工艺标准要求的深色麦汁，再进行直接发酵酿制而成。

（1）焦香麦芽和黑麦芽的制作

焦香麦芽的制作方法：将淡色麦芽浸水8~10小时，捞出沥干，然后装入转筒式炒炉，缓慢升温至50~55℃保持60分钟，使蛋白质分解，再升温至65~70℃保持60分钟，然后在30分钟内升温到170~200℃维持15~20分钟，使之产生类黑精物质，再用文火炒20~30分钟，直至麦芽外观完全符合规定的标准。

黑麦芽的制作方法：将麦芽加水浸渍6~8小时，沥干后，装入炒炉，缓慢升温至48~52℃维持30~40分钟，进行蛋白质分解，然后升温至65~68℃，进行20~30分钟的糖化，再在30分钟内加热至160~180℃。随后加热至200~210℃保持30分钟。当闻到浓郁的焦香气味时，再加热麦芽至220~230℃保持10~20分钟，即可出炉摊冷。

（2）麦汁制备

原料配比：淡色麦芽60%，焦香麦芽10%，黑麦芽30%，料水比为1：3.0~1：3.5。

原料粉碎：淡色麦芽采用湿法粉碎，要求谷皮破而不碎；焦香麦芽和黑麦芽粉碎时，需适度喷水，要求粉碎得粗细均匀。

糖化：采用二次煮出糖化法。

麦汁过滤：将糖化醪泵入过滤槽后，静置15~20分钟。

麦汁煮沸：煮沸强度为10%~12%，煮沸时间控制在120分钟以内，酒花分三次添加，总量所占比值为0.5%。第一次在煮沸40分钟后，添加全量酒花的20%；70分钟后添加全量酒花的30%；第三次在煮沸结束前添加余下的50%酒花。

麦汁冷却：充氧煮沸后的麦汁除去酒花槽后，用薄板换热器，采用一段冷却法冷却至7℃，再充入无菌空气，使麦汁中溶解氧含量为8~10毫克/升。

（3）发酵

选用优良下面酵母，其用量为0.8%~1%，酵母增殖时间为16~20小时。

发酵时麦汁分三次满罐，以满足酵母繁殖需要。

（4）滤酒

采用硅藻土过滤机进行粗滤，因黑啤酒黏度较高，故过滤时硅藻土的用量可适当增加。精滤则采用纸板过滤机，在清酒中加入微量维生素C（约0.02%），可提高成品酒的非生物稳定性及风味稳定性。

黑啤酒的酿造

## 延伸阅读

### 啤酒的历史（一）

在大英博物馆内，藏有目前人类已知的最古老的有关啤酒的记录“Mounment bleu”，它是公元前3000年左右生活在美索不达米亚的苏美尔人记录的石板文献，这说明至少在5000年前已经有“啤酒”的存在。

制作酒类的粮食作物是人们的日常必需品，且啤酒为液体，所以几乎无法从考古遗迹中发掘，因此所谓的最古老的啤酒只能从现存的历史资料中推测而来。在远古社会，啤酒占有重要的地位，古埃及会以啤酒作为劳动报酬。公元前18世纪的《汉谟拉比法典》中也记载着与啤酒相关的律法条文，比如啤酒的费用不能以金银支付，而必须以小麦支付，违反者会被处以水刑。

# 小麦啤酒

莫笑农家腊酒浑，丰年留客足鸡豚。
山重水复疑无路，柳暗花明又一村。
箫鼓追随春社近，衣冠简朴古风存。
从今若许闲乘月，拄杖无时夜叩门。

——《游山西村》（宋）陆游

## 一、基本特性

**名称**

小麦啤酒，又叫白啤酒，取自德文的“Weissbier”。

**代表酒**

水晶小麦啤、原色酵母麦啤。

**来源及产地**

小麦啤酒以小麦芽为主要原料（占总原料40%以上），是采用上面发酵法或下面发酵法酿制的啤酒。小麦啤酒是啤酒类型中极具特色和魅力的产品，主要产地集中在德国南部、奥地利和比利时。

## 二、风味成分

小麦啤酒

小麦啤酒香味纯正、独特。由于酯、高级醇和特定的酚类结合物含量较高，而给小麦啤酒带来典雅的香味，如赋予啤酒以果香、花香、丁香味等。

小麦啤酒中二氧化碳含量高，杀口力强；酚类化合物是决定其风味的主要物质；乙酸乙酯和乙酸异戊酯是形成小麦啤酒香蕉味的两种重要酯类物质。

## 三、酿造工艺

小麦啤酒的颜色区别较大，深色类约为浅色类色度的3倍。原麦汁浓度通常在10%～12%，也可能升至13%～14%；小麦芽的比例一般在50%～100%。麦汁的颜色可以通过添加深色麦芽或深色焦香麦芽，以及小麦着色麦芽来调整。

用部分或全部小麦麦芽为原料，精心酿制而成的啤酒一般称为小麦啤酒。用小麦完全代替大麦酿制的啤酒在业内被称为“纯小麦啤酒”。由于小麦没有皮壳，用过滤槽过滤因不能形成过滤层而无法过滤，所以生产小麦啤酒必须使用以滤布为过滤介质的麦汁专用压滤机。

小麦芽糖化力高，含有丰富的酶系，在48℃下短时间的蛋白质休止能有助于过滤，不会降低泡沫性能，添加中性蛋白酶也有助于蛋白质分解。高温糖化对降低麦汁的黏度有利，而小麦芽中富含葡聚糖酶、戊聚糖酶，有助于降低糖化醪液的黏度和麦汁过滤。

小麦啤酒的酿造

（图片素材由安徽华艺生物装备技术有限公司陶安军董事长提供）

## 延伸阅读

### 啤酒的历史（二）

啤酒是世上古老的饮料之一，其历史可追溯到公元前3500年前的新石器时代的美索不达米亚，伊朗西部的札格罗斯山脉的戈丁山丘一带的苏美人留下了啤酒制作方法的相关文献。此外，已出土的文物中记载了一首《给女神宁卡西的圣歌》，提到了美索不达米亚平原的啤酒女神“宁卡西”以及啤酒酿造技术。当然那时候还不叫啤酒，我们可以称之为含有酒精的麦芽饮料。在那时，“啤酒”可不是一般人能够喝的到的，由于那时的人们不知道酒精与酵母的存在，起初还是甜甜的东西过了一段时间就变得醇香无比，且让人喝了晕晕乎乎。于是乎古代人将其看成是神的赐福，所以只有在祭祀的时候一般人才得以目睹其真面目，也只有高阶祭祀等神职人员才可以接触。

“啤酒”真正成为啤酒是在欧洲。有资料显示，啤酒由公元前3000年的日耳曼人及凯尔特人部落带到整个欧洲，当时主要是家庭作坊酿造。早期的欧洲啤酒中可能加入了包括水果、蜂蜜、香料及其他有麻醉成分的植物等，但这些添加剂中似乎并未包括酒花。酒花作为添加剂是在公元822年左右在一个卡洛林王朝的修道院长的著作中被提及。到公元7世纪时，啤酒也有在欧洲的修道院生产及销售，但家庭作坊依然是其主要来源。在中世纪时期，啤酒的生产还远未达到工业化生产，那时候并不是任何人都能喝得上啤酒的。据文献记载，欧洲古时某些地区人们将啤酒作为一般等价物来进行交换，比如干了一天的农活就可以获得一坛子啤酒。工业革命开始后，啤酒的生产开始从家庭手工酿造转至工业化生产，工业化啤酒厂从19世纪开始占主导地位，材料百分比的计量技术及温度测算大大推进了啤酒酿制的发展。

# 其他啤酒

买得杏花，十载归来方始坼。
假山西畔药阑东，满枝红。
旋开旋落旋成空，白发多情人更惜。
黄昏把酒祝东风，且从容。

——《酒泉子·买得杏花》
（唐）司空图

## 一、熟啤酒

### 基本特性

把鲜啤酒经过巴氏灭菌法处理即成为熟啤酒，又叫杀菌啤酒。经过杀菌处理后的啤酒，稳定性好，保质期可长达90天以上，而且便于运输。但口感不如鲜啤酒，超过保质期后，酒体会老熟和氧化，并产生异味、沉淀、变质的现象。熟啤酒均以瓶装或罐装形式出售。

### 营养风味

熟啤酒是采用加热方式实现灭菌以延长保质期，绝大多数化学反应都随着温度的升高而加剧。熟啤酒在60～65℃高温灭菌时，多酚和蛋白质被氧化，可溶性蛋白质部分变性，各种水解酶类失活，使啤酒在色泽、澄清度、口味、营养等方面都发生变化，最明显的是失去了啤酒的新鲜口味，出现氧化味。

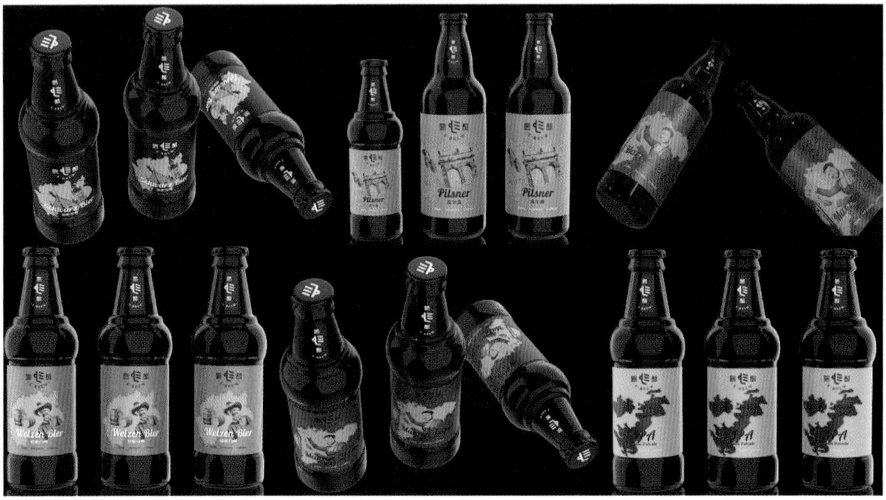


其他啤酒

（图片素材由安徽华艺生物装备技术有限公司陶安军董事长提供）

## 二、麦芽啤酒

### 基本特性

麦芽啤酒的酿造过程遵循德国的纯粹法，全部以麦芽为原料（或部分用大麦代替），不添加任何辅料。虽然这样生产出的啤酒成本较高，但全麦芽啤酒除了具有普通啤酒特色外，还拥有突出的麦芽香气、啤酒花香气、口感醇厚爽口和苦味适中等特点。麦芽啤酒其实是麦芽饮料，因为它并不含酒精成分，从严格意义上讲，并不是啤酒，但是德国人一般都管它叫“Malzbier”，即麦芽啤酒。多年来，麦芽啤酒一直深受德国人的喜爱，在德国本土受到追捧。市场调查显示，麦芽啤酒是德国消费者群体饮用最广泛的啤酒种类。

### 营养风味

和普通啤酒相比，麦芽啤酒的营养更为丰富，氨基酸含量也是普通啤酒的2.8倍，维生素$B_1$、$B_2$、$B_6$、$B_9$含量是普通啤酒的1.7倍，而碳水化合物仅为普通啤酒的0.76倍。两瓶0.33升的全麦芽啤酒能够满足一个人一天所需的B族维生素。





其他啤酒

## 三、冰啤酒

### 基本特性

将啤酒处于冰点温度，使之产生冷混浊（冰晶、蛋白质等），然后滤除，生产出清澈的啤酒。普通啤酒的酒精含量在3%～4%，而冰啤酒则在5.6%以上，高者可达10%。

### 食用注意

冰啤酒的温度较人体温度低20～30℃，大量饮用会使胃肠道的温度急速下降，血流量减少，从而造成生理功能失调，并影响消化功能，严重时甚至会引发痉挛性腹痛和腹泻、急性胰腺炎等危及生命的急症。

夏天剧烈运动或重体力劳动后，应当休息一会儿，吃点水果，不要急于喝啤酒，尤其不要贪图一时的凉爽猛喝冰啤酒。

## 延伸阅读

### 僧侣专用啤酒

相信许多啤酒迷都有听过中古时代的修道院啤酒。西方宗教认为，上帝的仆人理应自食其力。因此中古时代，修道院的僧侣会利用上帝赐给他们的大地来饲养牲口、种植作物，又会利用谷物来制作面包、酿造酒水。

虽然当僧侣还常常能喝啤酒一事听起来很愉快，事实上，他们或许是被强逼喜欢啤酒的。因为修道院每年都有一个月斋戒，这个月中，僧侣在白天不能进食，晚上也不能吃固体食物，啤酒营养丰富，僧侣们便以“液体面包”——啤酒，来作斋戒月的精力汤。根据史料记载，有些修道院的伙食当中，僧侣每天最多可以喝五升的啤酒。不过，既然能够喝五升，也可想而知当时啤酒的酒精含量很低。

# 果酒类

莫惜黄金醉青春，几人不饮身亦贫。
酒中有趣世不识，但好富贵亡其真。

——《将进酒·君不见陈孟公》（节选）（明）高启

## 一、基本特性

### 名称

果酒，从广义上说，任何利用水果发酵制成的酒皆可被称为果酒。

### 分类

按酿造方法和产品特点不同，果酒分为发酵果酒（又分为半发酵果酒、全发酵果酒），蒸馏果酒，配制果酒，起泡果酒；按含糖量分为干白果酒，半干果酒，半甜果酒，甜果酒；按照原料来源的不同，最常见的果酒可以分为葡萄酒、杨梅酒、苹果酒、猕猴桃酒、荔枝酒、梨子酒等。

果　酒

来源及产地

果酒是利用新鲜水果为原料，在保存水果原有营养成分的基础下，利用自然发酵或人工添加酵母菌来分解糖分而制造出的具有保健、营养功能的酒。

果酒产地多分布在植物资源较为丰富的地区。

## 二、风味成分

果酒清亮透明、酸甜适口、醇厚纯净而无异味，具有果实特有的芳香。与白酒、啤酒等其他酒类相比，果酒的营养价值更高，果酒里含有大量的多酚，含有人体所需多种氨基酸和维生素$B_1$、维生素$B_2$、维生素C及铁、钾、镁、锌等矿物质。

## 三、食材功能

果酒中虽然含有酒精，但含量与白酒、啤酒和葡萄酒相比非常低，一般为5～10度，最高的也只有14度。因此，果酒被很多成年人当作饭后或睡前的软饮料来喝。有学者指出，果酒简单来说就是汲取了水果中的全部营养而做成的酒，其中含有丰富的维生素和人体所需的氨基酸；有时候即使生吃水果也不能吸收营养，通过果酒却可以吸收，因为水果的营养成分已经完全溶解在果酒里了；果酒里含有大量的多酚，具有抑制脂肪在人体中堆积的作用，使人体不容易积累脂肪。此外，与其他酒类相比，果酒还有保护心脏、调节女性情绪的作用。

## 四、发展历史

中国的果酒也有悠久的发展历史，它大体上分为四个阶段。

第一阶段：山楂酒是世界上最早的酒。中国考古学家在对河南贾湖遗址的考古发掘中，发现了目前世界上最早的酒的证据。研究证实，沉积物中含有酒类挥发后的酒石酸，其成分中就有山楂。根据碳14同位素年代测定，其年代在公元前7000～公元前5800年。实物证明，在新石器时代早期，贾湖先民已开始酿造饮用发酵的饮料。此前在伊朗发现的大约公元前5400年前的酒，被认为是世界上最早的“酒”。贾湖酒的发现，改写了这一记录，比国外发现的最早的酒要早1000多年。这成为世界上目前发现最早与酒有关的实物资料，距今9000多年，因而，山楂果酒被公认为是世界上最早的酒。

第二阶段：秦朝时，果酒开始在国内外广为流传。相传2000多年前，秦始皇并吞六国后为了王朝的长治久安和自己长生不老，就派方士徐福出海寻找长生不老的仙药。因当时连年战乱，人民长期居无定所，体质虚弱，而出海之人必须是身强体壮、能抵抗各种疾病的人，因此一时便无法找到这样的人。徐福便周游各地，当他途经旧齐国之地饶安邑

（今盐山千童镇），见这里的人个个身强力壮，几乎不生百病。原来饶安邑产红枣，齐人多食枣和饮枣酒。徐福便在此征集出海之人，并命人建造酒坊、酿制枣酒，以供出海之人御寒驱潮。之后，浩浩荡荡的船队入海东渡，到了现今的日本。造酒技术从此广为流传。

第三阶段：汉唐时，酿酒业迅速发展。汉高祖五年，东方朔再度精酿果酒，酿成的果酒酒汁黏稠、味香甜，饮之满屋喷香，其香气经久不歇，在当时广为流传，饶安的酿酒业迅速发展起来。

第四阶段：果酒在当代社会突飞猛进。当代社会，果酒已经同白酒、啤酒并驾齐驱，形成三足鼎立之势。部分原料酿制的果酒因其特殊性，已经超越了白酒和啤酒，成为逢年过节餐桌上的必备之物。

果　酒

## 五、食用注意

（1）饮用果酒时不宜空腹，更不宜与其他酒同饮。

（2）果酒不宜过量饮用，否则会导致食欲下降，降低人体抵抗力及胃肠消化功能。女性在经期前几天最好不要饮用太多的果酒，否则容易导致出血量过多。

## 传说故事

### 梨子酿酒

宋代周密的《癸辛杂识》曾记载过这样一个故事：李仲宾家有个山梨园，每年照例收获山梨两车。有一年，恰逢水果的“大年”，收成特别多，比往年增加了好几倍，卖不出去，拿来喂猪又觉得可惜。于是李仲宾想出了一个妙计，将几百个山梨储存在一只大缸里，用泥将缸盖封起来，他的本意是想将梨藏起来，慢慢享用。

没想到半年后，李仲宾经过园子，忽然闻到一股诱人的酒香，他以为是看园子的人酿有好酒，但是寻找了一阵无所得。他循着酒香仔细追寻，才知道酒香来自藏山梨的大缸。打开一看，缸中的梨已化为水，其水“清冷可爱，湛然甘美，真佳酿也”。

# 发酵果酒

满斟绿醑留君住。莫匆匆归去。
三分春色二分愁，更一分风雨。
花开花谢、都来几许。且高歌休诉。
不知来岁牡丹时，再相逢何处。

——《贺圣朝·留别》
（宋）叶清臣

## 一、基本特性

### 名称

发酵果酒，即经发酵而酿制的果酒。

### 代表酒

李子酒、杨梅酒、桑椹酒。

### 来源及产地

发酵果酒是指水果经破碎、压榨取汁后，果汁经酒精发酵和陈酿而制成的低度数果酒。发酵果酒不需要经过蒸馏，也不需要在发酵之前对原料进行糖化处理，其酒精度数一般在8~20度。

发酵果酒生产规模小、较分散，多数分布在我国东部。

发酵果酒

## 二、风味成分

发酵果酒作为一种绿色、天然、健康、低度、高营养的保健酒类，除了含有醇类、酯类、酚类等物质，还保留了果实所具有的营养成分，含有丰富的糖类、有机酸、氨基酸、维生素和各种矿质元素；根据发酵原料、口感和香气不同，其中所含的营养物质组成和含量均有不同。发酵果酒具有调节人体新陈代谢、促进血液循环、助消化、减轻血管硬化、降低高血压等心脑血管疾病的发病率等功效。

## 三、酿造工艺

任何水果都可以酿造果酒，但是以猕猴桃、杨梅、橙、葡萄、荔枝、蜜桃、柿子、草莓等水果较为理想。

（1）前处理

前处理包括水果的选择、破碎、压榨、果汁的澄清以及改良等。破碎要求每粒种子破裂，但不能将种子和果梗破碎，否则种子内的油脂、糖苷类物质及果梗内的一些物质会增加酒的苦味。破碎后立即将果浆与果梗分离，防止果梗中的青草味和苦涩物质溶出。

（2）渣汁的分离

破碎后不加压自行流出的果汁叫自流汁，加压后流出的汁液叫压榨汁。自流汁质量好，宜单独发酵制取优质酒。

（3）果汁的澄清

压榨汁中的一些不溶性物质在发酵中会产生不良效果，给酒带来杂味。而且，用澄清汁制取的果酒胶体稳定性高，对氧的作用不敏感，酒色淡，铁含量低，芳香稳定，酒质爽口。

（4）果汁的调整

酿造酒精含量为10%～12%的酒，果汁的糖度需17°Bx～20°Bx。如果糖度达不到要求则需加糖，实际加工中常用蔗糖或浓缩汁。

（5）发酵

发酵分主（前）发酵和后发酵。主发酵时，将果汁倒入容器内，装入量为容器容积的4/5，然后加入0.3%～0.5%的酵母，搅拌均匀，温度控制在20～28℃，发酵时间随酵母的活性和发酵温度而变化，一般为3～12天。残糖降为0.4%以下时主发酵结束，然后进行后发酵，即将酒容器密闭并移至酒窖，在12～28℃下放置1个月左右。

（6）成品调配

果酒的调配主要有勾兑和调整。勾兑即原酒按适当比例与不同的酒的混合；调整即根据产品质量标准对勾兑酒的某些成分进行调整。

（7）过滤、杀菌、装瓶

果酒常用玻璃瓶包装。装瓶时，空瓶用2%～4%的碱液在50℃以上温度浸泡后，清洗干净，沥干水后杀菌。果酒可先经巴氏杀菌再进行热装瓶或冷装瓶，含酒精低的果酒，装瓶后还应进行杀菌。

发酵果酒

## 延伸阅读

### 雪峰蜜橘酒

湖南有这样一个小县城，因为一次普通的农产品展览会，与周总理结下了缘。1971年，中国广交会开幕，参加的国家和地区达140多个。

周总理出席并参观了广交会的各地展区，在经过湖南省展区时，总理看见展台上的橘子卖相乖巧，光泽鲜艳。当即上前与展台工作人员交谈，并尝了一个橘子，顿时发现橘子香气清新、入口即化、无核多汁，且甜酸适中，于是向工作人员问道："这是哪里的橘子？"

展台的工作人员灵机一动，赶忙答道："总理，这是来自湖南洞口雪峰山脚下的橘子，现在还没有命名咧。"周总理点了点头："好橘子，不能无名啊，既然是来自雪峰山的橘子，就叫雪峰蜜橘吧。"雪峰蜜橘的名字由此而来。

以雪峰蜜橘为酿酒原料，酿造出的就是雪峰蜜橘酒。此酒是以雪峰蜜橘经破碎、榨汁、加糖、低温发酵、长期陈酿后，再用蜂蜜、冰糖、白糖精心调配，在橡木桶内低温贮存一年以上而成。

# 蒸馏果酒

弹湘妃之玉瑟，鼓帝子之云璈。
命仙人之萼绿华，舞古曲之郁轮袍。
引南海之玻黎，酌凉州之葡萄。

——《老饕赋》（节选）
（宋）苏轼

## 一、基本特性

### 名称

蒸馏果酒，又名果实白酒、果子白酒。

### 代表酒

白兰地。

### 来源及产地

蒸馏果酒是将果实经酒精发酵后，通过蒸馏提取酒精成分及芳香物质等而制成。世界上生产蒸馏果酒的国家很多，但以法国出品的白兰地最为驰名。而在法国产的白兰地中，尤以干邑地区生产的最为优美，其次为雅文邑（亚曼涅克）地区所产。

除了法国白兰地以外，中国、西班牙、意大利、葡萄牙、美国、德国、南非等国家，也都有生产一定数量风格各异的蒸馏果酒。

## 二、风味成分

蒸馏果酒营养丰富，含有多种有机酸、芳香酯、维生素、氨基酸和矿物质等营养成分，经常适量饮用，能补充人体营养，有益身体健康；蒸馏果酒相对其他蒸馏酒来说酒精含量低、刺激性小，既能提神、消除疲劳，又不伤身体，并且在色、香、味上别具一格；不同的水果原料体现出不同的色泽、果香、口味等，可满足不同消费者的饮酒体验。

## 三、酿造工艺

为保证蒸馏果酒质量，必须对其所用的果实进行选择，首先应选择完好无损的鲜果，剔除腐败、霉变的烂果。一般以选糖分高、香味浓、汁液多的品种为宜，此外还必须考虑风味及鞣酸、色素、果胶和酸的含量。

蒸馏是将酒精发酵液中存在的不同沸点的各种醇类、酯类、醛类、酸类等物质，通过不同温度将它们从酒精发酵液中分离出来的方法。蒸馏果酒沸点刚开始蒸馏时为92～94℃，之后随酒精浓度降低，沸点也升高。最初蒸馏出的酒精浓度较高，随后逐渐降低。若想得到酒度高的酒液可重复蒸馏。蒸馏时要求将一部分物质如醋酸乙酯和丙醇等尽量蒸馏出来保存在酒液中，另外一些物质如乙醛、戊醇、呋喃甲醛等尽量排出，或被分离出，以保证蒸馏果酒的品质。

蒸馏果酒

## 延伸阅读

### 周总理把张裕金奖白兰地带到日内瓦

中华人民共和国成立后，在1952年举行的全国第一届评酒会上，张裕金奖白兰地与张裕红玫瑰葡萄酒、张裕味美思同时进入“中国八大名酒”之列。八大名酒，张裕占据三席。

1954年，周恩来总理把张裕金奖白兰地带到了日内瓦，用白兰地宴请了出席日内瓦会议的国际友人。周总理同时还带去中国第一部彩色故事片《梁山伯与祝英台》，所以当时有国际友人把《梁山伯与祝英台》比作“中国的《罗密欧与朱丽叶》”，把张裕金奖白兰地比作“中国的干邑”。日内瓦会议会刊《国际杂谈》还评论：“金奖白兰地代表了中华人民共和国科学文化的进步。”

张裕公司总经理周洪江在2012年3月的成都糖酒会上表示：“白兰地和葡萄酒一脉相承，都属于以葡萄为主要原料的产品。随着白兰地市场在中国内地的逐步崛起，张裕将加大白兰地的推广力度，在中国250多个城市设立白兰地品牌推广部，进一步扩大白兰地在全国的市场。”

# 配制果酒

日落狐狸眠冢上，夜归儿女笑灯前。
人生有酒须当醉，一滴何曾到九泉。

——《清明日对酒》
（宋）高翥

## 一、基本特性

### 名称

配制果酒，也称果露酒。

### 代表酒

山楂露酒、桂花露酒、樱桃露酒等。

### 来源及产地

配制果酒是用人工方法，模拟果酒的营养成分、色泽及风味，在果汁或果实浸泡液中加入酒精、砂糖、有机酸、色素、香精和蒸馏水配制而成的饮料酒。其优点是生产简易、成本较低，并且能较好地保存果酒中的营养成分；缺点是缺乏醇厚柔和口感。

配制酒的设备较少，因地制宜，可洋可土、可大可小，特别适用于乡镇企业。由于配制果酒成本低，销售价格也就低，容易打开销路。

配制果酒

配制果酒

## 二、风味成分

配制果酒酒度低，一般为12~16度，属于低度酒，配制果酒营养丰富，果汁、果皮中的营养成分都被浸到酒中；其味道酸甜适口，颜色鲜艳，老幼皆宜。

## 三、酿造工艺

配制果酒的主要原料是食用酒精、果汁、香精、糖料、酸味剂等。其中酒基选择和处理是决定配制果酒质量的关键。常用作酒基的有白酒和食用酒精。

（1）破碎、榨汁

破碎、榨汁时果汁用二氧化硫处理，以保证发酵期的安全。桃子、李子、草莓等果实含半纤维素和果胶物质较多，可用纤维素酶和果胶酶处理来提高出汁率。

（2）半成品保存

将果汁装入发酵池，加入培养好的酒母3%～5%，保温25℃左右进行发酵2～3天；待糖分消耗到一半左右时，汁液开始清晰，即可加入脱臭酒精，使酒精浓度保持在20%（体积分数）左右，即可停止发酵，然后装入池内，加盖密封保存。

（3）沉淀澄清

由于果汁未经发酵或只经半发酵，其中的胶体物质和糖分没有完全分解，因此不易沉淀澄清。为加速澄清，可在第一次转池时，加入果胶酶制剂。

（4）配制

配制果酒要按照所拟配制的果酒的成品规格确定原料的种类和用量，制定适宜的配方。配制时先将酒精与果汁混合，再加入糖液、有机酸，充分搅匀静置1～2天后过滤，装瓶前加入色素和香精。

## 传说故事

### 杨梅果酒的传说

传说在娄底冷水江，有一个叫老虎洞的地方，从前那里是一座荒山，山上常有老虎伤人。

山脚下有一个小村子，住着姓王的母子两人。母亲年纪大了，身体有病，由于家境贫寒，往往买不起药。儿子王盛听说山上有虎，就瞒了母亲上山他想打虎卖了兽皮，好给母亲请医生治病。

王盛上了山，遍寻却不见老虎，正想回家。突然，从草丛里窜出来一只凶猛的白虎。王盛定了一下神，把箭搭在弓上，眯着眼，屏住气，不慌不忙，“嗖”的一箭，正中老虎的咽喉。老虎发狂似的暴跳吼叫，不一会就滚下了山坡。王盛急忙顺着老虎滚下的山坡寻去，却找不到老虎，只见沿路地上有一颗颗虎血凝成的血球，红艳艳的蛮好看。他想，常说老虎一身都是宝：虎骨可以浸酒，喝了活关节、驱风寒；虎血能滋补身体、治痨伤，说不定可治母亲的病。于是把血球一颗颗地拾起来，一共拾了100多颗，高高兴兴地带回家去。

回到家里，王盛让老娘吃了一颗，老娘就觉得浑身发热，出了一身汗。全身的筋骨、肌肉舒服多了。不久，老娘的病竟全好了。娘儿俩真是说不尽的高兴，就把虎血球的事情讲给乡邻听。邻居中有些长病不起的人，从王盛那里讨了虎血球，吃了后病也好了。这件好事像春风一样，一传十、十传百，方圆几百里都知道了。

镇上有个叫张驴的恶霸，听到这事，就派人到王家去抢这个宝贝。王盛就把虎血球埋在山后，本想带着娘逃走，可惜不幸，被张驴捉住了。王盛没有逃出恶霸的手掌，身上被吊了块大石头，抛到太湖里去了。王盛一死，老娘悲痛万分，天天来到山上埋虎血球的地方，放声痛哭，泪水一滴滴都落到地里。这样一连哭了多天，那块地上竟长出了一棵小树苗。老太细心地给它浇水上肥，拔草松土，没有多久，这小树苗长成了高大的树，树上结出的果子竟和虎血球一样，圆溜溜的，鲜红透明，多得就像满天的星星。老太把这件事告诉了乡亲，乡亲们也感到奇怪。

老太把鲜红的小果子摘下来给大家尝尝，那红果又甜又汁多，很好吃，不过有点虎血的气味。后来有人用它浸在烧酒里，受寒肚皮痛一吃就好。这棵红果树后来繁殖开来，在山上长满了一大片，一到夏天，果树上就结满了红艳艳的果实。这种果实，就是现在的杨梅。不过年代久远了，虎血的味道也消失了。但是，有的杨梅却有点酸溜溜的味道，据说这是王盛的老娘用辛酸的泪水浇灌出来的缘故。

# 香槟酒

华阳馆前秋雪飞，幽州道上行人稀。
当年筑馆人何在，今日拂衣君独归。
萧条策马辞京阙，关门一片西山月。
胡姬葡萄酒初泼，垆头把臂与君别。

——《华阳行赠王孝廉归晋陵》
（明）欧大任

## 一、基本特性

### 名称

香槟酒，法文“Champagne”的音译，又称起泡酒。香槟酒素有“酒中之王”“胜利之酒”“吉祥之酒”和“说服之酒”等美称。

### 代表酒

香槟王、酩悦香槟。

### 来源及产地

香槟其实是个地方名，原意是指石灰质土，现在指的是在距法国巴黎东北方向145公里的香槟区所生产的汽泡酒。该香槟区是世上极少数纯粹用人工收集葡萄的产区。虽然，其他国家或地区也有同类汽泡酒生产，但不能标作“香槟”，只能叫作汽泡酒，而且质量也无法与最高质量的香槟相比。因此，原产于法国的香槟是最佳的汽泡酒。

虽然这种产自法国香槟区的特制葡萄酒早在中世纪备受欧洲上流社会的推崇，但当时无人能够预料，这种风格独特的饮品竟然能打造出世界盛誉。第一批汽泡酒是英国人发明的，后经配方改良，口感更加细致、柔和。事实上，最初这种口味独特并含有气泡的葡萄酒被视为美中不足的正是这气泡，这种一开始并不受欢迎的气泡的形成原因归结于香槟区凉爽阴湿的气候、短暂的葡萄生长期。

## 二、风味成分

香槟具有醇正清雅、优美和谐的果香，并具有清新、愉快、爽怡的口感。

白香槟酒为淡黄色或禾秆黄色；红香槟酒为紫红、深红、宝石红或棕红色；桃红香槟酒为桃红色或浅玫瑰红色。不论何种颜色的香槟酒，都应澄清透明，不能有可见的悬浮物。

香槟中含有抗氧化的多酚类物质、酒石酸以及与红葡萄酒成分相近的特殊营养物质和功效成分；其酒精含量为13%～15%。

## 三、酿造工艺

香槟酒有大香槟与小香槟之分。大香槟酒实际上是用全汁的葡萄酒进行酿制的，酒体内部会含有大量的柠檬酸和二氧化碳，酒瓶内部会形成很大的压力，开瓶时能发出脆响，并且同时能使瓶内涌出很多的气泡；而小香槟则没有这些特点。

香槟的酿制大体分为以下几步进行。

（1）采收葡萄

大部分香槟都由霞多丽、黑皮诺、莫尼耶皮诺三种葡萄混合调制而成。在采收葡萄时必须小心地尽量保持颗粒的完整，以免影响香槟酒的品质。

（2）榨汁发酵

葡萄采收后要马上压榨成葡萄汁。为了避免葡萄汁氧化及释出红葡萄的颜色，葡萄压榨的时候要轻柔缓慢。接着将葡萄汁进行第一次发酵，变成静态的干型葡萄酒。

（3）调配

在酿制过程中，酿酒师常会混合不同产区和年份的葡萄酒以调配出所要的口味。调配对于香槟来说是极为重要的环节，可以说是香槟酿造技术的精髓所在。

（4）二次发酵

香槟酒的原理就是在酿好的葡萄酒中加入糖和酵母，然后在封闭的容器中进行第二次发酵，发酵过程产生的二氧化碳被关在瓶中成为酒中气泡，香槟中那一串串晶莹剔透的气泡就是由此而来。

（5）培养芳香及复杂感

一瓶普通香槟要培养15个月，而对于一瓶有年份的香槟来说则要36个月，长时间的培养会给葡萄酒带来一种陈年芳香。此外，与酒渣的接触会使它发生复杂变化，从而释放出香槟酒典型的陈年醇酒香。

（6）摇瓶

香槟第二次发酵后失活的酵母慢慢地积累在瓶壁上，很难移除到瓶子外面。1818年，凯歌香槟的酒窖主管发明了一种方法，在二次发酵之后陈酿过程中，将酒瓶倒立在一个带孔的“A”形支架上，每天工人要将每个酒瓶转动1/4圈，并改变酒瓶的倾斜角度。约3个星期后，所有的沉积物会完全堆积到瓶口。

（7）除渣

除渣的目的是排除在摇瓶过程中堆积在临时封口的沉淀物。除渣时，瓶口在下，瓶身在温度为22℃的盐水中浸泡4厘米。沉淀物即被固定在冷冻的冰块中，极易移除。

（8）定量与封瓶

定量几乎是与除渣同步进行的，目的在于适应市场需要。添加由蔗糖与陈葡萄酒调配而成的“调配液”，并以此定性商业化香槟的类型。定量之后，酒瓶即被封口并以特殊方式装盖。

香槟酒

## 延伸阅读

### 青岛葡萄酒厂的浮沉

中国第一瓶大香槟、第一瓶威士忌、第一瓶白兰地均诞生于青岛。保存完好的青岛百年酒窖至今酒香馥郁，成为中国葡萄酒发展历史的芬芳记忆。

1912年一个德国杂货商创立了青岛地区第一家葡萄酒作坊。数年后，这家作坊转入德商福昌洋行名下，1930年它又被卖给另一位德商洋行，因其德文名称是Melcher & Co，取其字头合成Mel Co，中文音译“美口”，所以该酒厂命名为美口酒厂。1941年前后，因第二次世界大战爆发，外酒进口困难，该厂开始扩大生产，增加木桶容量达10万升，在上海、天津、东南亚等地设立代理店，大量外销。1947年，美口酒厂被国民党官僚资本收购，附属于青岛啤酒厂，对外仍称美口酒厂。新中国成立后，美口酒厂被青岛市人民政府接收，成为青岛啤酒厂的果酒车间。1959年，美口酒厂定名为青岛葡萄酒厂，与青岛啤酒厂仍未脱离关系。1964年2月28日，青岛葡萄酒厂成为独立核算的生产企业，也是青岛唯一的葡萄酒生产企业。在国内，青岛葡萄酒更是为数不多的、较早的葡萄酒品牌之一；同时也是与崂山矿泉水、青岛啤酒等著名品牌齐名的百年老品牌之一。

青岛香槟酒有50多年的生产历史，畅销国内外，是宴会上常用的高级酒。

# 参考文献

[1] 陈寿宏. 中华食材 [M]. 合肥：合肥工业大学出版社，2016.

[2] 单铭磊. 窖藏中国：中国酒与中国酒文化 [M]. 北京：中国财富出版社，2014.

[3] 陈君慧. 中华酒典 [M]. 哈尔滨：黑龙江科学技术出版社，2013.

[4] 郑宏峰. 中华酒典 [M]. 北京：线装书局，2010.

[5] 王升. 古往今来话中国——中国的饮食文化 [M]. 芜湖：安徽师范大学出版社，2013.

[6] 张铁忠，裴晓华. 饮食文化与中医学 [M]. 北京：中国中医药出版社，2017.

[7] 王家东，王荣荣. 酒类生产技术 [M]. 重庆：重庆大学出版社，2014.

[8] 金昌海. 果蔬贮藏与加工 [M]. 北京：中国轻工业出版社，2016.

[9] 关苑，童凌峰，童忠东. 啤酒生产工艺与技术 [M]. 北京：化学工业出版社，2014.

[10] 张家林. 中医药酒配方大全 [M]. 北京：中国戏剧出版社，2007.

[11] 李秀婷. 现代啤酒生产工艺 [M]. 北京：中国农业大学出版社，2013.

[12] 孟宝. 中国白酒文化旅游开发研究 [M]. 北京：中国轻工业出版社，2016.

［13］王绪前. 舌尖上的酒文化［M］. 北京：中国医药科技出版社，2017.

［14］林洁，梁丽静. 白酒生产工艺与流程［M］. 合肥：合肥工业大学出版社，2013.

［15］何伏娟，林秀芳，童忠东. 黄酒生产工艺与技术［M］. 北京：化学工业出版社，2015.

［16］余乾伟. 传统白酒酿造技术［M］. 北京：中国轻工业出版社，2010.

［17］周丽，范建华. 中国酒文化与酒文化产业［M］. 昆明：云南大学出版社，2018.

［18］周江鸿，许金根，张少均. 剑池美酒香飘大江南北［J］. 食品安全导刊，2018（32）：40-41.

［19］邵国田，王冬力. 红山文化首次发现熊陶尊及其酒元素的文化价值研究［J］. 吉林师范大学学报（人文社会科学版），2018，46（5）：1-14.

［20］冯敏. 浅谈多粮浓香型白酒生产工艺控制［J］. 福建轻纺，2016（10）：48-51.

［21］傅国城. 凤兼复合型西凤酒典型风格酿造技术的研究［J］. 酿酒，2016，43（2）：11-15.

［22］刘晓芹. 漫谈中国果酒［J］. 中国农村科技，2014（5）：70-72.

［23］张书田，冯勇，李庆军. 白酒食品安全及有害物质的控制［J］. 酿酒科技，2012（3）：54-56.

［24］陈建文，武金华. 泰山生力源芝麻香型白酒的生产［J］. 酿酒科技，2009（8）：78-79.

［25］谢小兰，朱力红. "特"型酒制曲及酿造工艺浅析［J］. 江西食品工业，2005（3）：28-29.

［26］褚振平. 试论纯生啤酒生产及其管理［J］. 酿酒，2004（5）：44-45.